Mundo contemporâneo
Geopolítica, meio ambiente, cultura

Nelson Bacic Olic

Geógrafo. Editor do boletim *Mundo – Geografia e Política Internacional* (Editora Pangea). Professor do Ensino Médio e de cursos pré-vestibulares. Autor de livros didáticos e paradidáticos. Professor convidado junto à Universidade da Maturidade (PUC-SP).

1ª edição
São Paulo, 2010

6ª impressão

DE ACORDO COM AS NOVAS NORMAS ORTOGRÁFICAS

© NELSON BACIC OLIC, 2010

COORDENAÇÃO EDITORIAL Lisabeth Bansi
EDIÇÃO DE TEXTO Ademir Garcia Telles
COORDENAÇÃO DE PRODUÇÃO GRÁFICA Ricardo Postacchini, Dalva Fumiko N. Muramatsu
PREPARAÇÃO DE TEXTO Renato da Rocha Carlos
COORDENAÇÃO DE REVISÃO Elaine Cristina del Nero
REVISÃO Márcia Leme
EDIÇÃO DE ARTE, CAPA E PROJETO GRÁFICO Ricardo Postacchini
DIAGRAMAÇÃO Cristina Uetake
IINFOGRÁFICOS/GRÁFICOS Glauco Diógenes
CARTOGRAFIA Alessandro Passos da Costa, Anderson de Andrade Pimentel, Fernando José Ferreira
COORDENAÇÃO DE TRATAMENTO DE IMAGENS Américo Jesus
PRÉ-IMPRESSÃO Helio P. de Souza Filho, Marcio H. Kamoto
COORDENAÇÃO DE PRODUÇÃO INDUSTRIAL Wilson Aparecido Troque
IMPRESSÃO E ACABAMENTO Corprint Gráfica e Editora Ltda.

Dados Internacionais de Catalogação na Publicação (CIP)
(Câmara Brasileira do Livro, SP, Brasil)

Olic, Nelson Bacic
Mundo contemporâneo / Nelson Bacic Olic. — 1. ed. — São Paulo : Moderna, 2010.

ISBN 978-85-16-06696-3
1. Geografia política 2. Geopolítica
3. Política mundial 4. Relações internacionais
I. Título.

10-04030   CDD-320.12

Índices para catálogo sistemático:

1. Geopolítica, meio ambiente, cultura:
Ciência política   320.12

Reprodução proibida. Art.184 do Código Penal e Lei 9.610 de 19 de fevereiro de 1998.

Todos os direitos reservados

EDITORA MODERNA LTDA.
Rua Padre Adelino, 758 - Belenzinho
São Paulo - SP - Brasil - CEP 03303-904
Vendas e Atendimento: Tel. (0_ _11) 2790-1300
Fax (0_ _11) 2790-1501
www.modernaliteratura.com.br
2015

Impresso no Brasil

*Para Lara, que tem me ensinado
o quão maravilhoso é ser avô.*

SUMÁRIO

Introdução

Questões e visões do mundo atual

A geografia do voto nos Estados Unidos 8
Os primeiros passos de Obama 11
Para onde vai o Paquistão? 13
Por mares nunca dantes preservados 16
Mundo islâmico e mundo árabe: geografia e geopolítica 18
A Rússia e sua prisão continental 21
Um mar que banha três continentes 23
Muçulmanos: no Extremo Oriente e na Europa 26
O clima e os tipos de habitação 30
China e Índia: núcleo de duas civilizações 32
Tibete: o agitado e estratégico "teto do mundo" 36
As potências e suas políticas de segurança energética 39
Japão e Rússia: populações em retração 45
A importância do poder aéreo 47
À procura dos ideais olímpicos 49
A guerra na Geórgia e o novo papel da Rússia 52
A tensa fronteira entre os Estados Unidos e o México 55
Onde estão os piratas do Caribe? No Oceano Índico! 57
Evolução da população mundial: passado, presente e futuro 58
Um 1º de maio diferente 62

Geopolíticas da água

Escassez do "ouro azul" acirra tensões políticas 64
Conflitos e tensões no Vale do Níger 67
A questão hídrica na Mesopotâmia 70
Entre os Estados Unidos e o Canadá 73
A saga do Rio Colorado 77
Discórdia e cooperação nas águas do Indostão 82
A lenta agonia do Lago Chade 86

Pelos caminhos do mundo

No país das mil ilhas, o reencontro com as origens 90
A Turquia de Istambul e Ataturk 93
Malvinas: uma das últimas joias da Coroa 96
Capetown, a cidade-mãe da África do Sul 99
A identidade da Noruega 103

Aquarelas brasileiras

A última corrida do milênio 106
Os ecossistemas e os impactos ambientais no Sudeste 110
Dos "nordestes" ao Nordeste 113
Um novo Nordeste está surgindo 116
Uma nova radiografia da região Norte 120
As doze maiores metrópoles brasileiras 124
Água em todas as direções 126
O Brasil e o Atlântico Sul 129
Estratégia de defesa nacional prioriza Amazônia e pré-sal 132
Focos de pobreza no Centro-Sul do Brasil 135

Literatura, cinema, realidade e ficção

O Extremo Oriente na visão de Hollywood 138
A ficção de Frederick Forsyth 140
Hollywood na África 141
No coração das trevas, o apocalipse 142
Tragédias balcânicas 143
Kosovo 144
Histórias da Rússia 145
Dramas afegãos 146
A Questão Palestina em Munique e *Paradise Now* 147
Sobre guerras e muros 148
A queda do muro e o cinema alemão 149
A radiografia de um genocídio 150
A Primeira Guerra Mundial, na visão dos cineastas 151

Introdução

Mundo contemporâneo: Geopolítica, meio ambiente, cultura é uma seleção dos mais de 150 artigos produzidos pelo autor nos últimos dez anos para várias publicações, especialmente o jornal *Mundo – Geografia e Política Internacional*.

Os critérios que nortearam esta seleção de textos foram os da diversidade e da pertinência dos temas. Alguns artigos foram reproduzidos integralmente porque mantiveram a atualidade ou são atemporais. Outros, mesmo tendo sido ultrapassados pelos fatos, não foram mudados, pois revelavam análises feitas no calor dos acontecimentos. Por fim, muitos dos artigos tiveram de ser atualizados para que se pudesse acompanhar as transformações ocorridas entre a data em que foram produzidos e a atualidade.

A obra está dividida em cinco partes. A primeira, denominada "Questões e visões do mundo atual", trata de variados temas internacionais. A segunda tem como tema "Geopolíticas da água", cujo enfoque refere-se à escassez do "ouro azul", um dos grandes problemas ambientais do século XXI e suas consequências geopolíticas. "Pelos caminhos do mundo" é o título da terceira parte, que se refere a algumas experiências de viagens.

A quarta parte, "Aquarelas brasileiras", tem o Brasil como "personagem" principal. Por fim, a última parte, intitulada "Literatura, cinema, realidade e ficção", analisa alguns filmes e livros que tratam de assuntos da política internacional.

Na medida do possível, tentou-se contextualizar em cada um dos temas abordados as informações essenciais para que o leitor, que desconhece ou que teve um contato superficial com algum dos temas, pudesse ter facilitado o entendimento das transformações que afetam o complexo e por vezes enigmático mundo atual. Talvez, um dos aspectos interessantes do livro é que cada tema pode ser lido de forma a não ser necessário seguir uma determinada sequência.

Esta obra é resultado do longo convívio que tive com centenas de professores, alunos e ex-alunos. Em especial, agradeço meus amigos Demétrio Magnoli, José Arbex Jr. e Beatriz Canepa, que, com suas decisivas intervenções e sugestões, melhoraram, tanto na forma quanto no conteúdo, vários dos textos que compõem este livro.

O autor

Questões e visões do mundo atual

A geografia do voto nos Estados Unidos

Algumas das tradicionais e históricas disputas entre republicanos e democratas pela presidência realizaram-se em momentos cruciais da evolução política e econômica dos Estados Unidos. Nessas ocasiões, foram redefinidos os perfis e rumos dos dois partidos, com evidentes impactos sobre a "geografia eleitoral" do país.

Um desses momentos aconteceu em 1860, quando pela primeira vez um candidato republicano venceu uma eleição que teve a questão da abolição como centro dos debates. A vitória do abolicionista Abraham Lincoln (que seria reeleito em 1864) deflagrou o processo que resultaria na Guerra da Secessão (1861/1865).

Nas décadas seguintes, cristalizaram-se os perfis sociais e as bases eleitorais regionais dos dois partidos. Os republicanos fixaram seus redutos nos estados do nordeste e do sul dos Grandes Lagos, onde representavam os interesses empresariais e dos segmentos sociais ligados ao processo de industrialização. Já os democratas assentaram suas bases nos estados do sul, que representavam tanto os interesses da aristocracia rural quanto os dos brancos pobres da região. As eleições realizadas até as três primeiras décadas do século XX sacralizaram as diferenças entre os dois partidos.

A quebra da Bolsa de Nova York, em 1929, levou a uma reviravolta na situação vigente. As eleições de 1932, vencidas pelo

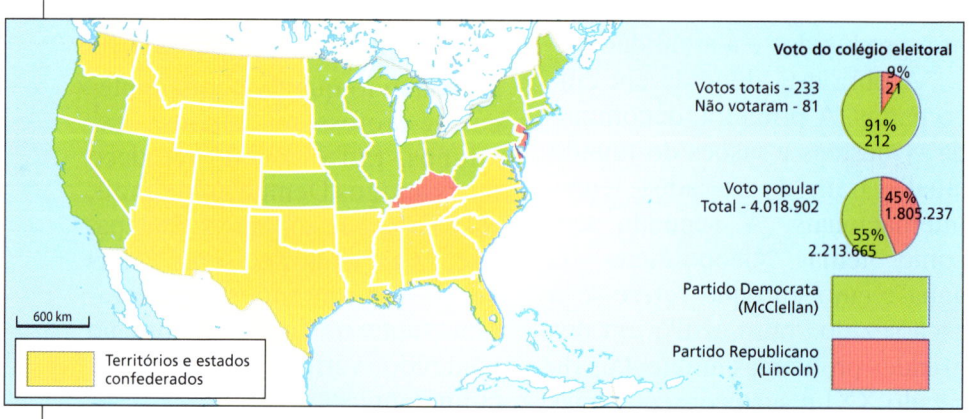

A eleição de 1864

8

Mundo contemporâneo

democrata Franklin D. Roosevelt, foram marcadas pelo signo da Grande Depressão. Com o objetivo de recuperar a economia e assegurar o bem-estar social do país, Roosevelt, que se tornaria o mais popular dos presidentes dos Estados Unidos, baseou sua plataforma de governo na forte intervenção do Estado, no investimento em obras públicas e na criação de empregos. A estratégia criada pelo novo presidente ficou conhecida como New Deal.

Roosevelt venceu as três eleições seguintes e governou os Estados Unidos até sua morte (1945). Com ele, o Partido Democrata tornou-se um partido de caráter nacional, representando o operariado urbano (daí suas ligações com os grandes sindicatos de trabalhadores) e a população rural empobrecida.

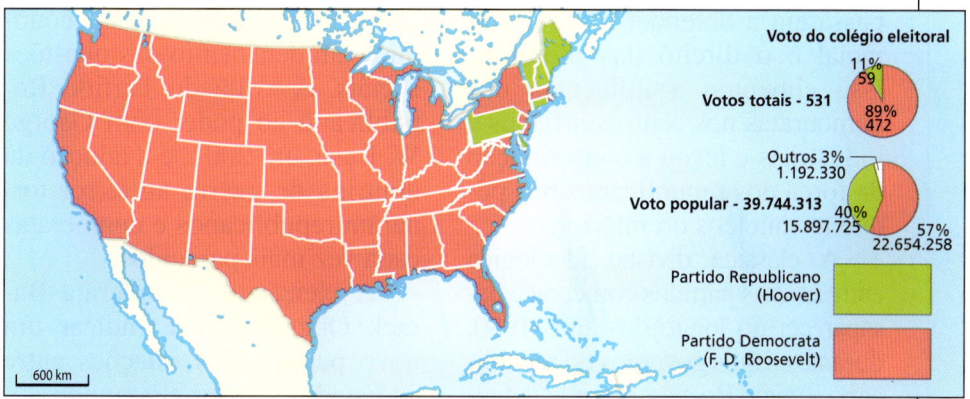

A primeira eleição de F. D. Roosevelt

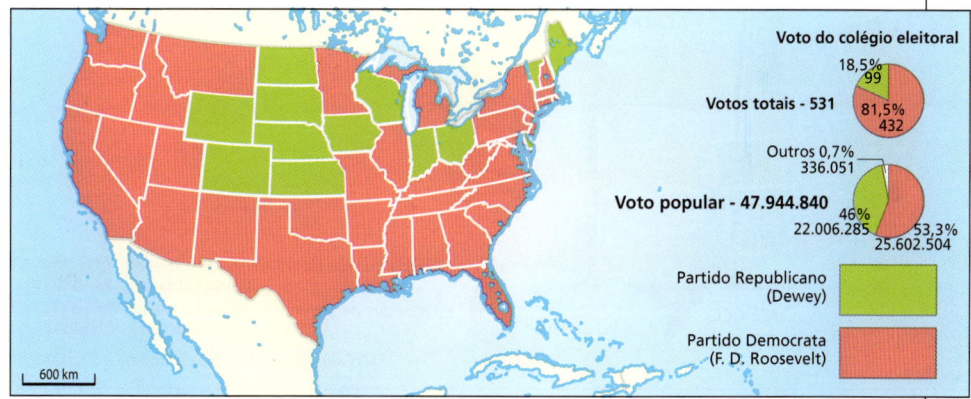

A quarta eleição de F. D. Roosevelt

Questões e visões do mundo atual

O New Deal acabou por induzir um processo de reorganização territorial marcado pela desconcentração industrial, que levou ao surgimento de focos de crescimento econômico nas regiões sul e oeste, que se aprofundou a partir da Segunda Guerra Mundial e ganhou ímpeto maior na década de 1960.

Em maior ou menor grau, os sucessores de Roosevelt, tanto democratas como republicanos, deram continuidade ao seu projeto. Os democratas, em especial, passaram a defender a igualdade racial e o direito das minorias. Isso cimentou a influência dos democratas nos centros urbanos e industriais e levou à consolidação da força dos republicanos nos pequenos núcleos do interior.

A clássica divisão ideológica entre os dois partidos começou a desaparecer ao longo dos anos 1980, durante os dois governos do republicano Ronald Reagan. Grande defensor da doutrina neoliberal, Reagan iniciou um processo de desmontagem do New Deal, diminuindo o imposto pago pelos ricos, aumentando o pago pelos pobres e cortando radicalmente verbas destinadas aos serviços públicos. A queda do Muro de Berlim e o fim do bloco soviético pareceram confirmar o fim da era do Estado do bem-estar social.

Nos anos 1990, os dois períodos do democrata Bill Clinton na presidência foram marcados pelo avanço da globalização, o que o levou a dar ênfase à questão econômica em detrimento das questões sociais. A volta do Partido Republicano ao poder com George W. Bush, em 2001, e a adoção da doutrina de guerra ao terror tornaram republicanos e democratas cada vez mais parecidos.

A eleição do democrata Barack Obama parece indicar um novo período nas relações entre os Estados Unidos e o mundo.

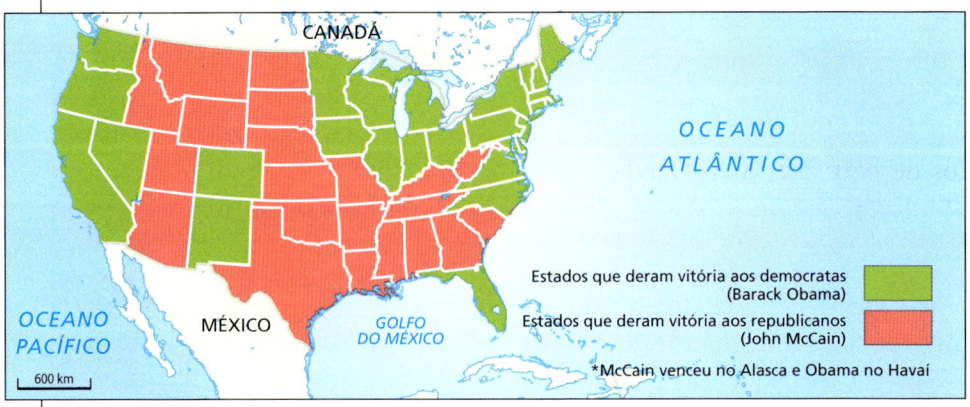

A eleição de Barack Obama (2008)

Mundo contemporâneo

Os primeiros passos de Obama

Em seu primeiro dia como presidente, Barack Obama ordenou – como havia prometido em campanha –, o fechamento, no prazo máximo de um ano, da prisão de Guantánamo e o fim dos tribunais de exceção, uma das marcas registradas do governo Bush. Também estipulou o prazo de seis meses para que fosse decidido o futuro dos presos ali detidos.

Isso deverá levar à libertação dos prisioneiros que não representarem uma ameaça real para o país. Outros deverão ser julgados nos Estados Unidos ou transferidos para seus países de origem. Há ainda o caso de presos considerados perigosos contra os quais não há provas suficientes, mas apenas confissões obtidas em interrogatórios sob tortura.

A partir de 2002, uma parte da base de Guantánamo foi usada para abrigar prisioneiros suspeitos de pertencer à Al-Qaeda e ao Talibã capturados no Afeganistão. Essa escolha esteve ligada à condição peculiar da base, que não é oficialmente dos Estados Unidos, situada em território de Cuba.

Sob essa cobertura legal, o governo Bush decidiu que os prisioneiros ali detidos não estariam protegidos pelo sistema penal do país – isto é, não teriam direitos judiciais iguais aos de presos em território americano. Eles foram também classificados como "combatentes inimigos ilegais", uma figura inventada pelo governo Bush para escapar à aplicação dos termos da Convenção de Genebra para prisioneiros de guerra.

Em 2004, a Suprema Corte decidiu que os prisioneiros deveriam ter acesso aos tribunais do país, afirmando que os Estados Unidos mantêm, de fato, o controle exclusivo sobre Guantánamo. Atualmente a prisão abriga um número bem menor de presos se comparados aos quase oitocentos que por lá passaram. A maioria não foi presa em batalha, mas entregue aos agentes americanos por afegãos e paquistaneses em troca de recompensas. Sob pressão crescente das organizações de defesa de direitos humanos, o governo Bush libertou cerca de quinhentos presos e enviou-os de volta a seus países de origem. Mas Obama tem inúmeros problemas a enfrentar. Um dos principais é decidir o destino de diversos presos – muitos se recusam a voltar a seus países de origem, onde sofreriam perseguições.

Dois dias depois da posse, Obama afirmou: "A mensagem que estamos enviando ao mundo é que os Estados Unidos pretendem prosseguir com a atual luta contra a violência e o terrorismo e que es-

Questões e visões do mundo atual

taremos alertas. Mas faremos isso de forma eficaz e de um modo que esteja de acordo com nossos valores e nossas ideias". É uma nítida guinada política e simbólica.

Guantánamo, uma excrescência geopolítica

A base de Guantánamo é um enclave americano localizado na baía de mesmo nome, no leste de Cuba. Tem grande importância estratégica, pois domina o acesso ao estreito de Barlavento, entre Cuba e Haiti, que é a principal passagem marítima entre o Atlântico e o Mar do Caribe.

No enclave de 116 km² está a Estação Naval de Guantánamo, criada em 1898, quando os Estados Unidos, com anuência do governo cubano, obtiveram seu controle após derrotar a Espanha na Guerra Hispano-Americana. Cuba acabava de se tornar independente, mas funcionava de fato como protetorado dos Estados Unidos.

Em 1903, o governo americano obteve de Cuba uma concessão perpétua, com pagamento de uma taxa de aluguel, pelo uso da base. O acordo estabelecia que os Estados Unidos teriam o completo controle sobre a Baía de Guantánamo mas a soberania territorial permaneceria com Cuba. Em 1934, um acordo definiu que a base só voltaria ao controle cubano caso fosse abandonada ou por consentimento mútuo. Desde 1961, Cuba recusa-se a receber a taxa de aluguel e considera ilegítimo o controle americano sobre a área.

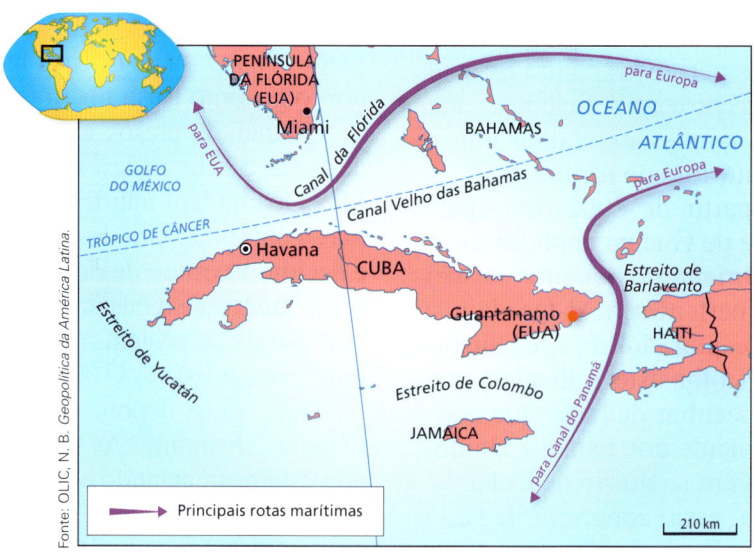

A localização de Guantánamo

Para onde vai o Paquistão?

Localizado no centro geográfico do mundo islâmico, o Paquistão tornou-se independente em 1947, com o fim do colonialismo britânico na Índia. A ideia de criar um país só para os muçulmanos no subcontinente derivou da recusa dos líderes islâmicos da União Indiana a se integrarem a uma Índia plurirreligiosa e laica de maioria hinduísta. Assim, foi sob a base que o Paquistão estruturou sua identidade nacional.

Isso não evitou que o país fosse formado por duas entidades distintas: o Paquistão Ocidental e o Paquistão Oriental (atual Bangladesh), separados por mais de 1,5 mil quilômetros. Também não impediu que grande número de muçulmanos permanecesse na Índia, onde hoje representam cerca de 12% da população total, mais de 120 milhões de pessoas.

Desde a independência, o Paquistão convive em contínua instabilidade interna, explicada pelas grandes diversidades etno-culturais. Por trás da tradicional aversão entre sunitas (cerca de 80% da população) e xiitas (15%), existem conflitos entre as centenas de facções do universo islâmico paquistanês. A radicalização religiosa, aliada à crescente influência de grupos extremistas, tem levado o país a uma espiral sem fim de violências.

O extremismo religioso se alimenta das enormes desigualdades sociais e da proliferação da miséria, num país de demografia galopante com mais de 160 milhões de habitantes, onde cerca de metade da população não sabe ler ou escrever.

A falência da educação levou as escolas religiosas (madrassais) a preencher o vazio deixado pelo Estado, oferecendo educação gratuita às populações carentes. Todavia, cada uma das facções islâmicas possui sua própria rede de madrassais, e muitas delas se converteram em centros de propagação de ideias fundamentalistas e de formação de militantes extremistas.

Às rivalidades religiosas somam-se tensões étnicas. Genericamente, as porções norte e oeste são habitadas por grupos humanos de tradição irano-afegã, enquanto as regiões leste e sul são formadas por comunidades culturalmente ligadas à Índia.

Do ponto de vista político-administrativo, o Paquistão é formado por quatro províncias (Punjabi, Sind, Baluquistão e Província da Fronteira Noroeste), dois territórios com administração autônoma (Zonas Tribais e Islamabad, a capital) e dois territórios com *status* especiais (Territórios do Norte e Caxemira paquistanesa ou Azad Caxemir).

O Punjabi é o coração econômico do Paquistão. Abriga cerca de metade da população e é a área-núcleo da etnia punjabi, grupo que forma quase 50% da população paquistanesa e sempre desempenhou um papel central na vida econômica do país, dominando os quadros da administração e das forças armadas. Cerca de ¾ dos militares paquistaneses, que têm tradição em interferir nos destinos do país, são oriundos do Punjabi. Essa é uma fonte de tensões com os demais grupos étnicos.

A etnia sindi (15% da população) habita a área homônima localizada ao sul do Punjabi. Ali as tensões envolvem a comunidade local e mohajires, termo que designa os muçulmanos que migraram da Índia em 1947. No Baluquistão, terra dos baluques (5% da população), há movimentos separatistas que questionam o poder central.

Os patanes ou pashtuns (16% da população) estão presentes principalmente na parte oeste do Paquistão, em especial na região das Zonas Tribais, junto ao Afeganistão. Esse grupo étnico, predominante no leste e no sul do Afeganistão, formou a base de poder do Talibã afegão, grupo que se originou junto aos refugiados afegãos em território paquistanês.

Grande parte dessa região se encontra fora controle do governo central, e suas fronteiras são difíceis de vigiar. Ali atuam atualmente grupos ligados à Al-Qaeda e ao Talibã que desafiam as forças ocupantes da Otan no Afeganistão.

Em sua curta história independente, o Paquistão conheceu vários ciclos geopolíticos, tendo sempre como pano de fundo a disputa pela Caxemira com a Índia. O primeiro ciclo se estendeu desde a independência (1947) até 1971, quando o Paquistão Oriental se separou, formando Bangladesh. Nesse período o Paquistão se engajou no jogo da Guerra Fria, participando do Tratado da

Paquistão: regiões e etnias

Ásia Central (Cento), aliança militar com a Grã-Bretanha e países da região, sob a liderança dos Estados Unidos.

A separação de Bangladesh inaugurou o segundo ciclo, que durou aproximadamente vinte anos. Nessa fase, a Revolução Iraniana e a invasão soviética do Afeganistão, ambas em 1979, valorizaram estrategicamente o Paquistão aos olhos do Ocidente.

Foi a partir do território paquistanês, com auxílio material e financeiro dos Estados Unidos, que a guerrilha afegã se organizou para lutar contra as forças soviéticas. O país abrigou cerca de 5 milhões de refugiados afegãos que fugiam do conflito.

O terceiro ciclo geopolítico teve início em 1991, com o desaparecimento da União Soviética. Em 1998, o Paquistão se tornou o primeiro e único país muçulmano a ter artefatos nucleares, exacerbaram-se as tensões com a Índia e houve uma reorientação de sua política externa em direção às fronteiras setentrionais. De olho no Afeganistão e nos recursos energéticos dos países da antiga Ásia Central soviética, o Paquistão procura vender a ideia de se transformar na via privilegiada de escoamento do petróleo extraído da bacia do Mar Cáspio.

O quarto ciclo iniciou-se após o 11 de setembro de 2001, quando o país foi colocado na linha de frente da luta contra o terrorismo internacional. A parceria com os Estados Unidos assegurou ajuda militar e financeira ao governo do general Pervez Musharraf, que em troca forneceu apoio à ofensiva contra os antigos aliados do talibãs no Afeganistão.

No entanto, a relação privilegiada com os Estados Unidos vem se deteriorando diante de acusações de apoio velado de setores do governo (especialmente do serviço secreto) aos talibãs do Afeganistão e a grupos fundamentalistas dentro do próprio país.

A renúncia do general Pervez Musharraf, que governava o país desde 1999, e a instauração de um governo civil não melhoraram a situação. Os cenários futuros apontam para uma provável continuidade dos problemas internos, isto é, muita instabilidade, com governos civis fracos, por vezes substituídos por militares.

O maior temor do Ocidente é que um dia um movimento fundamentalista islâmico assuma o poder no país e coloque as mãos sobre as armas nucleares que o país possui. Paradoxalmente, a única garantia de que isso não acontecerá é a manutenção de certa unidade das forças armadas do país.

Por mares nunca dantes preservados

Cerca de 71% da superfície do planeta é recoberta por uma imensa massa líquida que alguns chamam de oceano mundial, tradicionalmente dividido em entidades geográficas menores – o Pacífico, o Atlântico, o Índico, o Ártico. Cada um deles engloba diversas porções menores, os mares, delimitados normalmente por ilhas ou por recortes do litoral.

Os oceanos desempenham papel crucial no equilíbrio natural da Terra, especialmente por atuarem como reguladores térmicos. As influências oceânicas diretas sobre as áreas continentais, de maneira geral, não chegam além dos 100 quilômetros da costa. Contudo, é justamente nas áreas distantes até cerca 60 quilômetros do litoral que se concentra perto de 75% da população mundial. Tudo o que ocorre nos oceanos, inclusive as diversas formas de poluição, interessa, portanto, direta ou indiretamente, à maioria da humanidade.

As grandes extensões de terras imersas, isto é, os fundos oceânicos, podem ser divididos em três zonas principais. A primeira é a plataforma continental, com largura variável e profundidades que, geralmente, não ultrapassam os 200 metros. Nessa zona oceânica, nas últimas décadas, foram descobertas e passaram a ser exploradas importantes jazidas de petróleo, como as do Mar do Norte e da Bacia de Campos, junto ao litoral do Rio de Janeiro.

A segunda zona forma as bacias oceânicas, separadas das plataformas pelos taludes continentais. Com profundidades médias de 3 mil metros, as bacias apresentam declives acentuados e vales profundos, sendo limitadas em sua base pelas regiões abissais. Essa terceira zona constitui a maior parte dos leitos oceânicos, exibindo profundidades médias de 5 a 7 mil metros mas podendo ter fossas marítimas, como a das Marianas (Oceano Pacífico), que ultrapassa 11 mil metros. As regiões abissais são atravessadas pelas dorsais oceânicas, verdadeiras cadeias de montanhas submersas. Os maiores picos das dorsais oceânicas emergem formando ilhas e arquipélagos, como acontece, por exemplo, no Caribe e na Oceania.

Os oceanos são locais de passagem, de contatos comerciais e culturais e também fontes de recursos bastante diversificados. A tradicional atividade pesqueira e a extração do petróleo têm se verificado de forma cada vez mais intensa. Em razão da importância econômica dessas riquezas, a exploração dos espaços marítimos constitui, cada vez mais, objeto de competição internacional.

De maneira geral, os Estados mais poderosos – justamente os que detêm os meios mais eficazes para explorar os recursos marinhos – são favoráveis a um regime de ampla e total liberdade de exploração dessas riquezas. Por outro lado, Estados menos desenvolvidos tentam tirar proveito de sua situação geográfica no sentido de estabelecer direitos sobre espaços marítimos mais amplos, nas proximidades de seu litoral. Em várias regiões do mundo ocorrem disputas de soberania sobre áreas oceânicas.

Gregos e turcos, há décadas, discutem a soberania sobre espaços marítimos do Mar Egeu, que abriga sob a plataforma continental importantes jazidas petrolíferas. Ilhas oceânicas também são focos de disputa: a China e outros quatro países do Sudeste Asiático disputam a posse de alguns arquipélagos do Mar da China Meridional. As Ilhas Curilas são, desde o fim da Segunda Guerra Mundial, foco de controvérsias entre Rússia e Japão. O arquipélago das Malvinas (ou Falkland) foi o epicentro da guerra que envolveu a Grã-Bretanha e a Argentina, em 1982.

Durante muito tempo o homem acreditou que os oceanos pudessem ser uma espécie de lixeira do planeta. As imensas massas líquidas dos oceanos seriam capazes de "digerir" a sujeira e o lixo lançados por cidades e indústrias. No último século, contudo, o desenvolvimento urbano-industrial e o acelerado crescimento demográfico geraram quantidades extraordinárias de dejetos orgânicos e inorgânicos. A continuidade do lançamento de dejetos nos oceanos poderá comprometê-los seriamente como fonte de alimentos e área de lazer para as gerações futuras.

Mundo islâmico e mundo árabe: geografia e geopolítica

Como é bastante comum confundir árabe com muçulmano, vale fazer essa distinção. Árabe diz respeito a um povo que possui laços relacionados à língua (árabe) e à religião (muçulmana ou islâmica). A religião islâmica surgiu no século VII d.C. na Península Arábica, hoje território da Arábia Saudita. Seu profeta maior, Maomé, era um árabe. O Corão, livro sagrado do Islã, foi originalmente escrito em árabe, e foram os árabes os grandes responsáveis pela expansão dessa religião.

Treze séculos após seu aparecimento, o islamismo é praticado por cerca de 1,3 bilhão de pessoas, espalhadas por mais de cem países (sem considerar as diásporas), e em cerca de cinquenta deles os muçulmanos correspondem a mais de 50% da população total.

O islamismo é um fenômeno essencialmente asiático e africano. Na Ásia estão cerca de 70% deles e na África, 27%. No continente asiático as regiões com expressiva população islâmica são o Sudeste Asiático (Indonésia e Cingapura, principalmente), o Subcontinente Indiano (Paquistão, Índia e Bangladesh), a Ásia Central (Afeganistão e as cinco ex-repúblicas soviéticas do Casaquistão, Uzbequistão, Turcomenistão, Tajiquistão e Quirguistão), o noroeste da China (região do Xinjiang Uigur), a região do Cáucaso (especialmente Azerbaijão e repúblicas autônomas da Rússia como a Chechênia) e todos os países do Oriente Médio. Na Europa os muçulmanos estão também representados na Península Balcânica (Bósnia, Macedônia, Albânia, Kosovo e Bulgária).

Além de serem quase 100% da população dos países árabes da África do Norte, os islâmicos têm expressão variada em muitos países da África Subsaariana. Eles são cerca de 80% das populações do Senegal, Mali, Chade, Níger e algo em torno de 40% do efetivo demográfico de Burkina Fasso, Costa do Marfim, Serra Leoa e Gana. Na região do Chifre Africano, eles são majoritários na Somália e no Djibuti.

Em números absolutos, os países com maior contingente de islâmicos são, em números aproximados, a Indonésia (235 milhões, 88% da população), Paquistão (170 milhões, 96% da população), Índia (135 milhões, 12% da população) e Bangladesh (126 milhões, 87% da população).

Mundo contemporâneo

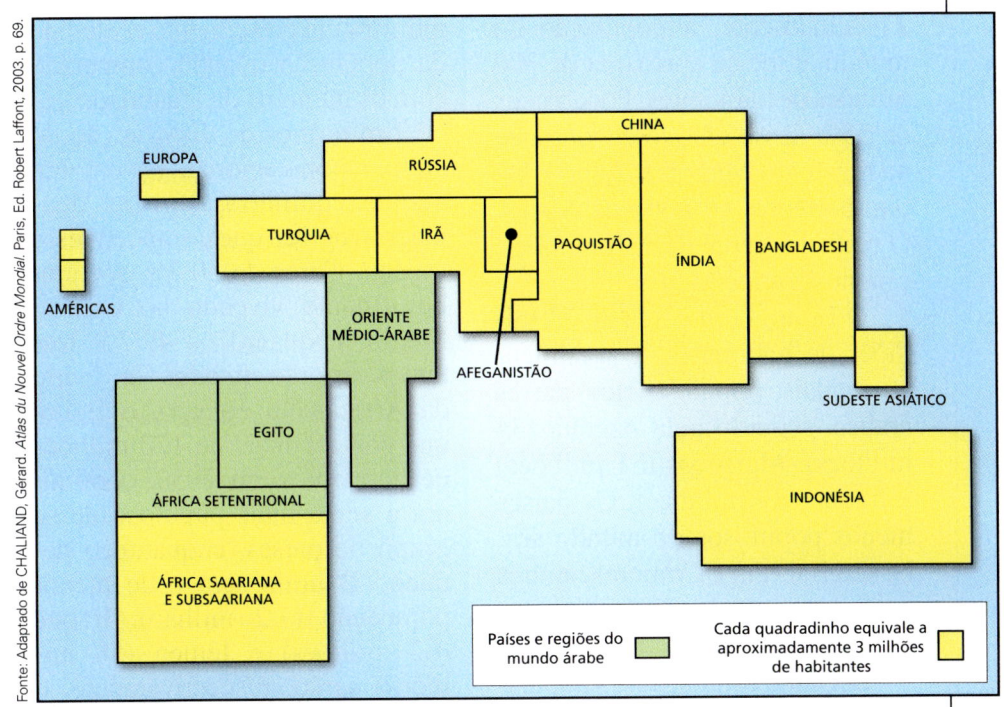

Mundo árabe-islâmico (mapa estilizado)

O crescimento do número de islâmicos no mundo atual acontece mais pelo incremento demográfico do que por novas conversões, à exceção da África ao sul do Saara, onde essa religião vem ganhando terreno. Curiosamente, os árabes atualmente não representam mais que 20% dos muçulmanos do mundo.

Por definição, o mundo árabe é formado por dois grandes conjuntos geográficos, o Oriente Médio e o norte da África, que englobam cerca de vinte países. No Oriente Médio, fazem parte do mundo árabe Síria, Líbano, Autoridade Palestina, Arábia Saudita, Jordânia, Catar, Kuwait, Bahrein, Emirados Árabes Unidos, Omã, Iêmen e Iraque. Na África do Norte os integrantes do mundo árabe são Marrocos, Argélia, Tunísia, Líbia e Egito. Já Mauritânia, Sudão, Somália, Djibuti, Eritreia e Comores, dadas suas raízes arabo-islâmicas (mas também africanas), integram, junto com os demais países árabes, a organização internacional conhecida como Liga Árabe.

Atualmente, a população do mundo árabe se aproxima de 300 milhões de habitantes. Pouco mais de 55% desse efetivo encontra-se na região do Magrebe, Egito e Líbia, portanto, no norte da África. O restante, cerca de 130 milhões, está no Oriente Médio.

O Egito, com cerca de 75 milhões de habitantes, é atualmente o mais populoso dos países árabes, seguido pela Argélia (34 milhões), Marrocos (31 milhões) e Iraque (29 milhões). Os países menos populosos do mundo árabe são Bahrein e Comores, ambos com menos de 1 milhão de habitantes (0,8 milhão).

Segundo estimativas, a população do mundo árabe em 2050 será de quase 490 milhões, o que demonstra um crescimento acelerado da população quando comparado com os números da atualidade.

Em termos de distribuição do efetivo populacional, haverá um grande equilíbrio entre as duas macrorregiões que compõem esse espaço. Cerca de 50,3% dos árabes estarão vivendo no Oriente Médio, enquanto os 49,7% restantes estarão fixados no norte da África. No entanto, o Egito, que contará mais de 120 milhões de habitantes em 2050, continuará a ser o mais populoso desse grupo de países, enquanto o pequeno Bahrein será o de menor população (1,2 milhão). Iraque (62 milhões) e Iêmen (58 milhões) serão, respectivamente, o segundo e o terceiro países com maior população.

A Rússia e sua prisão continental

Um dos maiores líderes políticos da história da Rússia, o czar Pedro, o Grande, no século XVIII afirmava que seu país vivia numa prisão continental, em razão das dificuldades de acesso a mares que não ficassem congelados durante grande parte do ano. Pode-se afirmar que, pelo menos desde essa época, a busca de saídas para os mares quentes tornou-se uma obsessão geopolítica de todos os monarcas que sucederam o czar Pedro, e mesmo daqueles que depois do desaparecimento do Império Russo governaram a União Soviética.

É interessante notar como Josef Stalin, o homem-forte da União Soviética entre 1923 e 1953, ao final da Segunda Guerra conseguiu, por meio de vários acordos, aumentar significativamente as extensões litorâneas do país. Esses ganhos, até certo ponto, serviram de base para o crescimento naval da União Soviética nas décadas posteriores.

Passando em revista os ganhos de territórios litorâneos veremos, por exemplo, que na porção noroeste os acordos firmados ao fim da Segunda Guerra, em 1945, concederam à União Soviética áreas litorâneas da Finlândia que eliminaram o acesso dos finlandeses ao litoral do Mar Branco.

Outra vitória importante de Stalin aconteceu junto ao Mar Báltico. A incorporação da Estônia, da Lituânia e da Letônia ao território da União Soviética, além da porção setentrional do antigo território alemão da Prússia Oriental (região do porto de Kaliningrado), permitiu aos soviéticos transformar-se em "donos" da metade do litoral báltico. Fora isso, a incorporação da Polônia e da ex-Alemanha Oriental ao bloco soviético aumentou ainda mais o "cacife" da União Soviética junto ao litoral desse mar.

Outros ganhos também ocorreram nas costas do Mar Negro. A sovietização da Bulgária e da Romênia (que ainda perdeu a região da Bessarábia, transformada na república soviética da Moldávia) representou também ganhos "litorâneos" apreciáveis.

Na região do Mar Cáspio, não fossem as pressões dos Estados Unidos e da Grã-Bretanha ao final da Segunda Guerra defendendo interesses do Irã e da Turquia, esse mar fechado da Ásia Central teria se transformado num autêntico lago soviético.

No Extremo Oriente, a anexação das Ilhas Curilas e do sul da Ilha de Sacalina, que haviam sido tomadas ao Império Russo pelo Japão em 1905, fizeram que a União Soviética passasse a ter controle quase absoluto dos mares de Okhotsk e do Japão.

Questões e visões do mundo atual

Muitas dessas conquistas acabaram sendo perdidas quando da desintegração da União Soviética, em 1991. Assim, na região do Báltico, a reunificação alemã, a "descomunização" da Polônia e a independência dos três países bálticos (Estônia, Letônia e Lituânia) reduziram a presença russa na região a duas pequenas "janelas" marítimas: a região de Kaliningrado, território completamente separado do resto da Rússia, e a região em torno de São Petersburgo, espremida entre a Estônia e a Finlândia.

Junto ao Mar Negro, as independências da Ucrânia e da Geórgia e a perda dos satélites búlgaro e romeno tiveram como resultado uma redução significativa da presença russa nessa região. Com a independência do Azerbaijão, do Casaquistão e do Turcomenistão, a orla litorânea do Mar Cáspio sob soberania russa ficou também bastante reduzida.

Esse conjunto de fatos praticamente remeteu a Rússia à situação que existia no século XVIII em termos de fachada marítima. Especialmente na porção oeste, a Rússia corre o risco de ser asfixiada, já que suas saídas marítimas ficaram comprometidas.

Sobram, no entanto, as saídas do Extremo Oriente e do Ártico (onde a frota de navios quebra-gelo movidos a energia nuclear permite que a navegação se verifique em todas as estações do ano), onde as ameaças não são imediatas. De qualquer forma, a advertência feita pelo czar Pedro há três séculos parece continuar bastante atual.

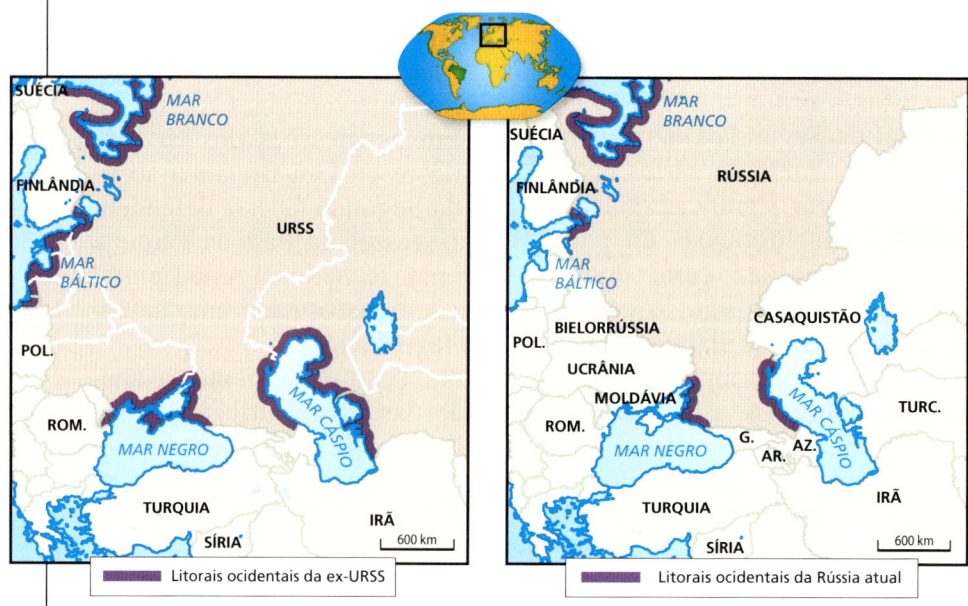

Os litorais ocidentais da ex-URSS e da Rússia

Um mar que banha três continentes

O Mediterrâneo é um mar quase fechado que banha o litoral meridional da Europa, o ocidental da Ásia e a faixa costeira da África do Norte. Possui uma ligação natural com o Oceano Atlântico através do Estreito de Gibraltar e outra artificial com o Mar Vermelho e o Oceano Índico por conta do Canal de Suez. Os estreitos de Bósforo e Dardanelos colocam-no em contato com o Mar Negro.

O Mediterrâneo apresenta grandes profundidades e é quase totalmente rodeado por áreas com ocorrência de montanhas de formação geológica recente, como os Pireneus (entre Espanha e França), os Alpes (sudeste da França), os Apeninos (Itália) e a cadeia do Atlas (noroeste da África). A existência de inúmeras penínsulas – Ibérica, Itálica, Balcânica, do Peloponeso – tornam a costa mediterrânea bastante recortada, fato aproveitado para a instalação de portos muito movimentados, como os de Barcelona (Espanha), Marselha (França), Gênova (Itália) e Pireu (Grécia).

De maneira geral, podem ser distinguidas duas áreas do Mediterrâneo: a bacia oriental e a ocidental, que se comunicam através do canal da Sicília. Essa divisão é, no entanto, fragmentada pela existência de mares menores, como o Tirreno (na bacia ocidental), o Jônico, o Adriático e o Egeu (na bacia oriental).

Desde a Antiguidade, o Mar Mediterrâneo foi uma zona privilegiada de contatos culturais, intensas relações comerciais e constantes enfrentamentos políticos. Às margens do Mediterrâneo floresceram, se desenvolveram e desapareceram importantes civilizações, como a egeia, a egípcia, a fenícia, a grega, a romana e a bizantina.

Um dos fatos marcantes da história da região aconteceu em 1453, quando os otomanos tomaram a cidade de Constantinopla (atual cidade turca de Istambul) e fecharam o Mediterrâneo à penetração europeia. Essa teria sido uma das razões que impeliram portugueses e espanhóis a se aventurarem pelo Atlântico em busca do caminho das Índias.

Na segunda metade do século XVIII, a Inglaterra e a França foram ampliando suas influências sobre a região – aproveitaram-se, para isso, da gradativa decadência otomana – e ao mesmo tempo tentando impedir a expansão da Rússia. A Inglaterra, afirmando-se cada vez mais como grande

Questões e visões do mundo atual

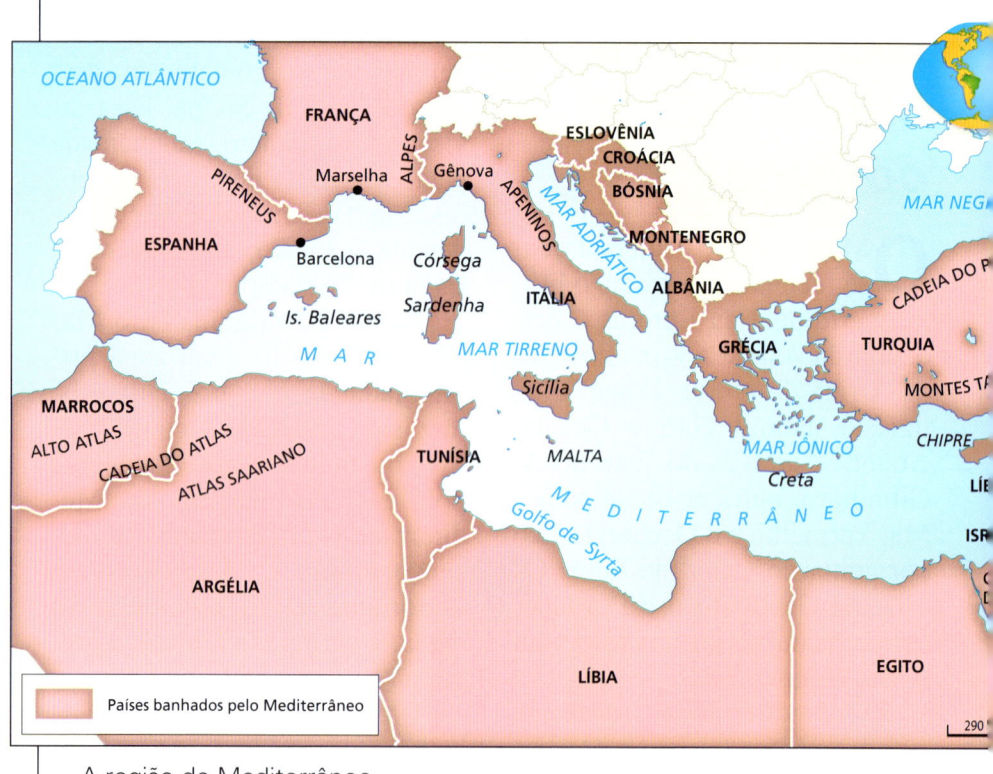

A região do Mediterrâneo

potência marítima, estabeleceu-se em alguns pontos estratégicos (Gibraltar e nas ilhas de Malta e Chipre), que se transformariam em importantes bases navais.

Em 1869, com a abertura do Canal de Suez, obra construída por um consórcio franco-britânico, o Mediterrâneo oriental passou a integrar as grandes rotas do comércio internacional, ganhando papel relevante nas relações políticas e comerciais das potências europeias.

Com o fim da Primeira Guerra Mundial (1914-1919), cristalizou-se a supremacia britânica, num momento em que o Mediterrâneo se transformava numa artéria vital para a Europa – ele estabelecia uma ligação mais rápida e econômica entre as áreas consumidoras e produtoras de petróleo, estas últimas situadas no Oriente Médio.

Algumas décadas depois, ao findar-se o segundo conflito mundial em 1945, o Mediterrâneo, assim como quase todas as áreas do mundo, encaixou-se imediatamente nos esquemas do jogo de influências e alianças engendrados pela Guerra Fria. Com a criação da Otan, os Estados Unidos substituíram gradativamente os britânicos como potência dominante do Mediterrâneo.

Todavia, os processos conflituosos de independência de uma série de colônias europeias situadas especialmente no norte da África, a pressão exercida pela crescente expansão da marinha soviética, os vários conflitos entre países árabes e Israel e as tradicionais rivalidades entre países da região transformaram o Mediterrâneo numa área de frequentes tensões geopolíticas.

O fim da Guerra Fria, se de um lado eliminou ou amainou algumas velhas tensões, por outro ensejou o surgimento de inúmeros novos desafios para o Estados da região, especialmente aqueles localizados na Península Balcânica. Enfrentar desafios sempre fez parte da história do Mediterrâneo.

Muçulmanos: no Extremo Oriente e na Europa

Cerca de 70% dos muçulmanos do mundo estão presentes no continente asiático. Contudo, a região da Ásia com menor expressão de pessoas que seguem o islamismo localiza-se no Extremo Oriente, mais especificamente na porção oeste-noroeste da China.

Nessa porção do território chinês está a Região Autônoma do Xinjiang-Uigur, área com mais de 1,6 milhão de km² onde convergem as fronteiras internacionais da China com Mongólia, Casaquistão, Quirguistão, Tajiquistão e Paquistão.

Essa região é em grande parte desértica e semiárida, emoldurada por altos planaltos (Tibete, por exemplo) e cadeias montanhosas, como as do Altai e Tian Shan. Em seu interior encontram-se também grandes depressões, como a de Dzungária e a do Rio Tarim.

Com cerca de 20 milhões de habitantes, o Xinjiang-Uigur tem na etnia uigur aquela de maior expressão demográfica, perfazendo um pouco menos de 50% do contingente regional. Com uma população numericamente semelhante estão os chineses han, a etnia majoritária em toda a China. O restante da população, um pouco menos de 10%, é composta por povos centro-asiáticos vizinhos, como casaques, quirguizes e tajiques.

Os uigures são muçulmanos sunitas de cultura turca, que chegaram à região desde no século VIII e se converteram ao islamismo oito séculos depois.

Por conta de sua localização estratégica, uma espécie de ponte entre as estepes russas e as áreas densamente povoadas da China litorânea do Pacífico, o Xinjiang (outrora denominado Turquestão chinês) ao longo da história foi objeto de domínio e interferência de povos como mongóis, russos e chineses han.

Mais recentemente, no início da década de 1950, logo após o triunfo da Revolução Chinesa de 1949, o governo de Pequim passou a desenvolver políticas de promoção de desenvolvimento econômico e de efetiva ocupação territorial da região.

Deu-se início à exploração das jazidas minerais, especialmente petróleo; implantaram-se algumas indústrias bélicas, e uma das áreas da região, nas imediações do Lago Lop Nor, foi palco dos testes atômicos subterrâneos chineses, há alguns anos interrompidos.

Por outro lado, o governo central estimulou o aumento sistemático de populações han, que tive-

Mundo contemporâneo

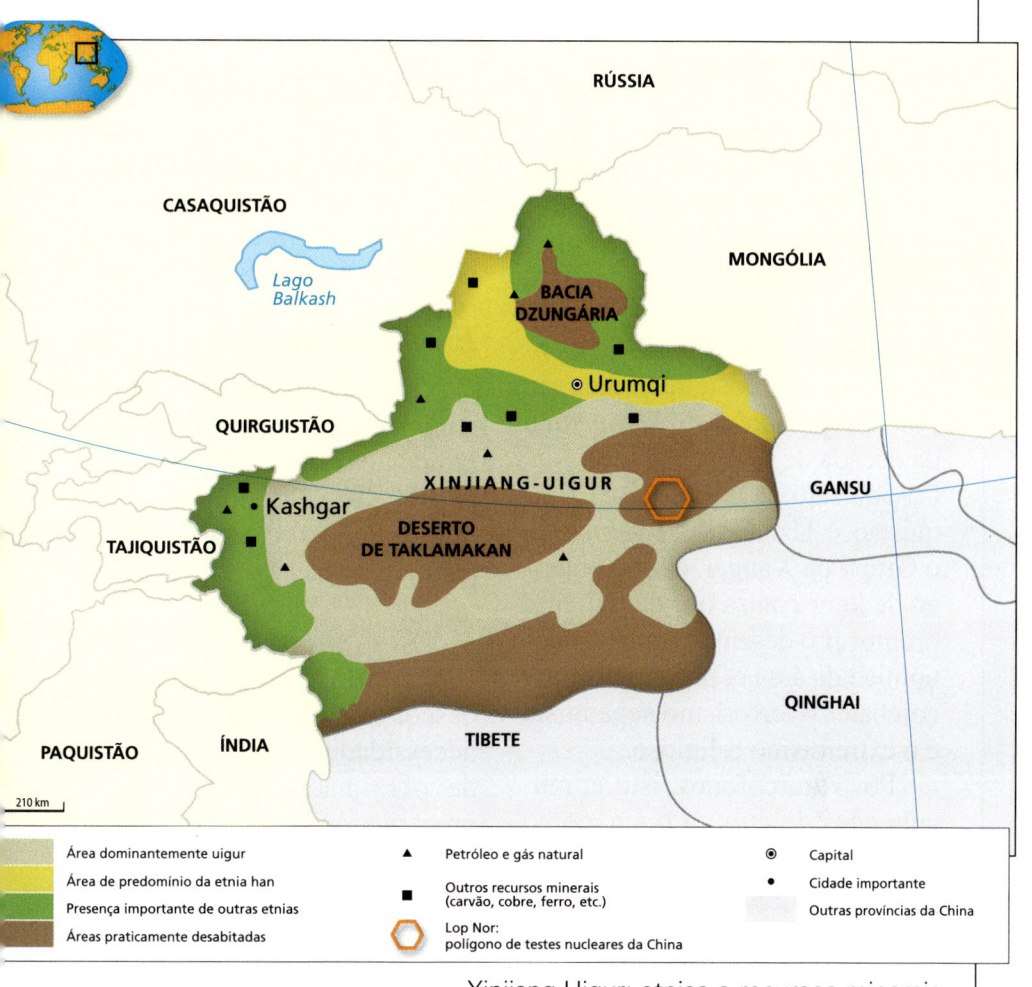

Xinjiang-Uigur: etnias e recursos minerais

ram sua participação multiplicada por quatro nos últimos cinquenta anos. Os han estão presentes especialmente nas grandes cidades, como Urumqi, a capital, e em centros industriais da região.

Essa contínua e persistente "invasão" dos han tem aguçado, nos últimos tempos, o antagonismo com os uigures, muitos dos quais não têm se mostrado insensíveis às ideias de movimentos muçulmanos extremistas. Na última década ocorreram alguns atentados na região.

O Xinjiang-Uigur teve aumentada ainda mais sua importância estratégica e geoeconômica não só pela recente descoberta de jazidas de hidrocarbonetos, mas também pelo fato de que por ali deverá passar um grande oleoduto que conectará as jazidas do Casaquistão e da Sibéria Ocidental às regiões costeiras chinesas. Foi nesse contexto que no final da década de 1990 China, Rússia, Casaquistão, Quirguistão, Tajiquistão e Uzbequistão formaram o Grupo de Xangai, com o objetivo de lutar contra o tráfico ilícito, promover o desenvolvimento econômico da área e, principalmente, combater o terrorismo separatista e o extremismo religioso.

Povos turcófonos, isto é, muçulmanos de cultura turca, como os uigures, não são os únicos seguidores do islamismo na China. Há pelo menos 10 milhões de muçulmanos chineses da etnia han presentes em inúmeras províncias do país. Esses muçulmanos chineses, denominados hui, são especialmente numerosos na província de Ningxia.

E na Europa...

Os muçulmanos presentes no continente europeu podem ser divididos em dois grandes grupos. O primeiro deles é o dos muçulmanos que passaram a se dirigir para a Europa a partir da segunda metade do século XX.

Essa migração teve como causas principais o processo de descolonização afro-asiática e a necessidade, na Europa, de mão de obra não especializada. As precárias condições de vida dos

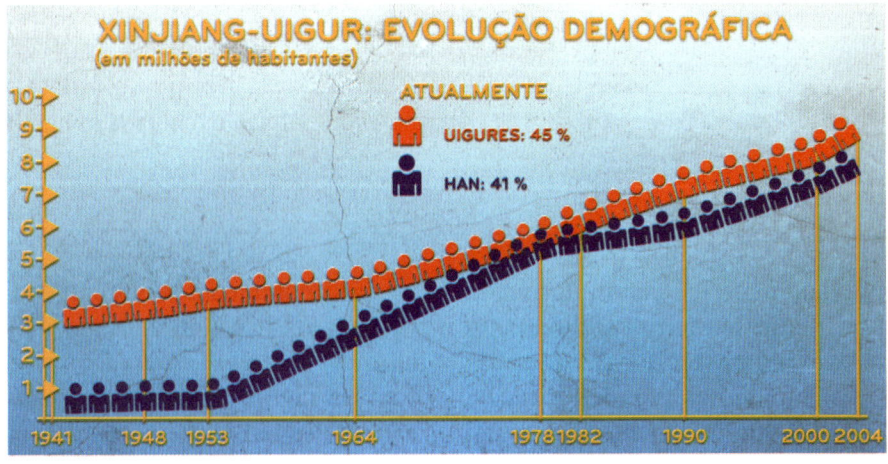

Fonte: Adaptado de SACJUAN, Thierry – *Atlas de la Chine*, Aujtrement, Paris, 2007, pg. 59.

novos países influenciaram bastante esses fluxos migratórios intercontinentais.

Os países europeus que mais receberam esses imigrantes foram a França, a Grã-Bretanha e a Alemanha. No caso dos dois primeiros, os imigrantes eram provenientes sobretudo das antigas colônias francesas e britânicas.

A área de origem dos imigrantes que chegaram à França era principalmente a região do Magreb africano, especialmente do Marrocos e Argélia. No caso da Grã-Bretanha, grande parte dos indivíduos era originária do subcontinente indiano, isto é, Paquistão e Índia.

Já na Alemanha, o país que mais recebeu imigrantes na Europa, a questão de antigas colônias não se colocava, pois esse país, ainda quando era o Império Alemão, perdeu todas as suas possessões coloniais no fim da Primeira Guerra Mundial. Em solo germânico, parte considerável dos muçulmanos tinha como área de origem a Turquia.

O segundo grande grupo de muçulmanos presentes na Europa corresponde aos que habitam o continente há vários séculos. Eles estão concentrados especialmente na Península Balcânica, com destaque para dois países onde são maioria da população: a Albânia e a Bósnia, sem contar o caso especial de Kosovo. Nas vizinhas Macedônia, Bulgária e Sérvia, os indivíduos que professam o islamismo são minorias mais ou menos significativas.

A presença desses muçulmanos na porção sudeste do continente europeu está ligada historicamente à expansão e domínio do Império Otomano, que se estendeu do século XIV ao início do século XX. O mais emblemático e complexo exemplo dos países que fazem parte desse grupo é a Bósnia.

O clima e os tipos de habitação

Como diz um velho ditado: "cada terra com seu uso, cada roca com seu fuso". Esse ditado poderia ser entendido, geograficamente, como "cada terra com sua paisagem, cada paisagem com seu clima". Todos os elementos componentes do espaço que o homem habita formam a paisagem geográfica ou o meio ambiente. Há elementos da paisagem geográfica que são resultado da própria dinâmica da natureza, como relevo, solo, vegetação, rede hidrográfica; e outros que são fruto das ações humanas, como estradas, cidades, campos cultivados, represas.

A natureza apresenta aspectos diferenciados sobre a superfície do planeta, onde são encontradas áreas de grande umidade ao lado de desertos, áreas onde a vegetação florestal é densa e outras sem nenhuma vegetação, regiões de relevo acidentado vizinhas a vastas regiões planas, espaços que sofrem grande influência do efeito dos oceanos ao lado de outros onde os efeitos moderadores das grandes massas líquidas são inexistentes. As sociedades que vivem nesses meios naturais variados também apresentam grandes diferenças. Assim, a forma como evoluíram esses grupos humanos e a maneira como cada um deles se apropriou do meio natural resultam em paisagens geográficas extremamente diversificadas.

Em sociedades nas quais a economia se baseia quase exclusivamente em atividades tradicionais do setor primário, a natureza desempenha papel preponderante na configuração das paisagens. Essa influência pode ser observada, por exemplo, nas moradias, construídas de acordo com o que a natureza oferece, como madeira, pedra, barro, folhas e ramos de árvores, tendo em vista a ausência de meios tecnológicos modernos e uma rede de transportes inadequada para trazer outros materiais de lugares distantes.

A arquitetura das casas quase sempre obedece às normas "ditadas" pela natureza. Em regiões de grande precipitação pluviométrica, o telhado das moradias é relativamente inclinado para que a água possa escorrer mais facilmente. Já nas regiões onde as chuvas são nulas ou muito escassas, a cobertura das casas é plana, pois sua principal serventia é proteger a parte interna das moradias do efeito da insolação.

Por outro lado, nas áreas de clima temperado frio, onde é comum a ocorrência de nevascas, os telhados são ao mesmo tempo lisos e com grande grau de inclinação para evitar que a neve se acumule e provoque desabamento. No sul do Brasil, especialmente nas áreas de colonização europeia, como no Vale do Itajaí catarinense, as casas apresentam essa característica, embora não haja registros de queda de neve na região. Esse tipo de ocorrência deve-se ao fato de que imigrantes alemães que chegaram àquela região de Santa Catarina em meados do século XIX construíram, em área de clima subtropical, casas no estilo a que estavam acostumados em suas regiões de origem.

Nos grupos humanos que praticam o nomadismo ou o seminomadismo, o material de construção e o estilo das moradias – nesses casos, temporárias – revelam as influências do meio natural. É o caso dos iglus construídos pelos inuits nas frias regiões setentrionais do Canadá ou das tendas usadas por povos de pastores do Deserto do Saara, da Península Arábica ou do Deserto de Gobi, na Mongólia.

Outra ilustração da influência do clima sobre a arquitetura aparece em áreas de climas quentes e úmidos, de relevo relativamente plano, drenadas por rios caudalosos. Nessas regiões, onde são comuns as inundações, as populações ribeirinhas constroem casas sobre estacas, as chamadas palafitas, para se protegerem contra o transbordamento dos cursos fluviais. Quem atravessa os rios da Bacia Amazônica ou rios do sudeste e leste asiáticos depara constantemente com esse tipo de paisagem.

Todavia, nas sociedades urbano-industriais a ação do homem transforma radicalmente o meio natural, destruindo a vegetação original, alterando o clima, mudando o curso dos rios, aplainando áreas acidentadas. Os prédios de apartamentos ou de escritórios, as casas e outras construções são edificados com materiais bastante variados (cimento, ferro, aço, madeira, tijolos, vidro), vindos de lugares mais ou menos distantes, e o estilo das construções também varia muito.

Muitas vezes, a "ditadura" do estilo gera verdadeiras aberrações, não só pelas formas arquitetônicas criadas mas também pela inadequação dos materiais das construções aos climas dominantes. Exemplo patético é o dos "chalés suíços" erguidos em praias tropicais brasileiras.

Questões e visões do mundo atual

China e Índia: núcleo de duas civilizações

A civilização chinesa ou sínica teve sua origem por volta de 1500 a.C., correspondendo a uma das mais antigas entidades culturais. As bases filosóficas e religiosas dessa civilização se assentam sobre três correntes de pensamento complementares: o Confucionismo, o Taoismo e o Budismo.

Atualmente, a área dessa civilização se estende por vastos espaços da Ásia Oriental, envolvendo um núcleo central – as doze províncias originais da etnia han – e as províncias periféricas da China comunista, onde existe uma parcela significativa de populações não chinesas (Tibete, Xinjiang e Mongólia Interior). Porém, sob sua influência direta há também Taiwan, uma cidade-estado de população predominantemente chinesa (Cingapura), e as populações chinesas que dominam parcelas consideráveis da economia em países do Sudeste Asiático (Tailândia, Malásia, Indonésia e Filipinas). Finalmente, existem as sociedades não chinesas das duas Coreias e do Vietnã, que compartilham muito da cultura confuciana com a China.

A República Popular da China, atual Estado-núcleo da civilização, passou por várias e importantes mudanças nos últimos cinquenta anos. Depois da saída dos invasores japoneses, no fim da Segunda Guerra Mundial, o país viveu durante quatro anos uma sangrenta guerra civil, que terminou com a vitória comunista em 1949.

Nos anos 1950, a China se definiu como aliada da União Soviética, situação que perdurou apenas até a ruptura entre os dois países socialistas, em 1960. Depois, a China tentou se apresentar no

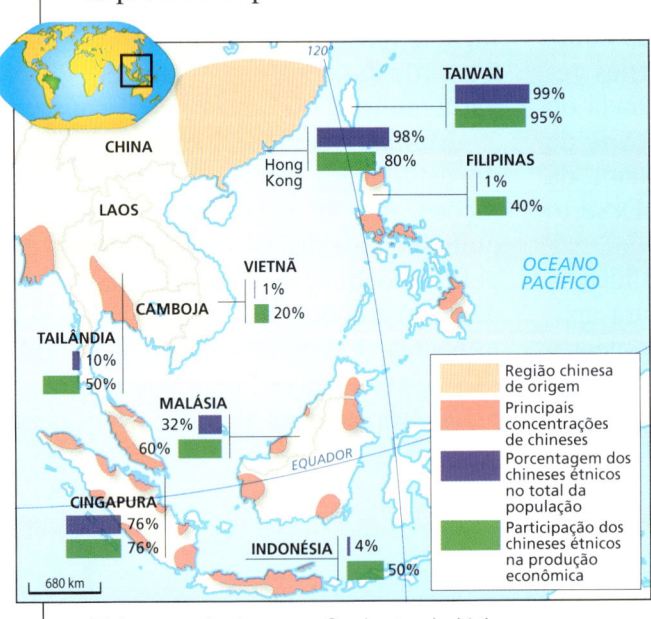

Chineses étnicos no Sudeste Asiático

Mundo contemporâneo

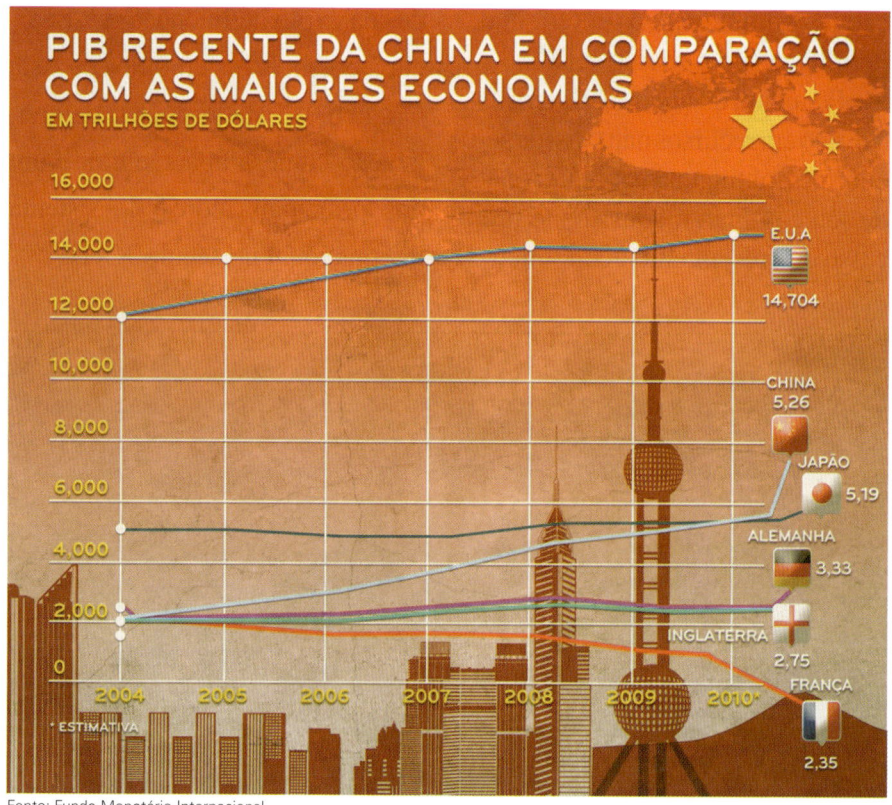

Fonte: Fundo Monetário Internacional.

cenário internacional como Estado capaz de liderar os países do Terceiro Mundo, mantendo equidistância das duas superpotências da Guerra Fria.

Nos anos 1970, em razão do insucesso de suas ações internacionais, do isolamento diplomático pelo qual passou e dos atritos de fronteiras com a União Soviética, a China se aproximou dos Estados Unidos. A morte de Mao Tse-tung, o "pai" da China comunista, foi a senha para o início de um processo gradativo de abertura econômica, que não se fez acompanhar por maior liberdade política. A abertura econômica empreendida nas décadas de 1980 e 1990 modificou a panorama do país, gerando acúmulo de riquezas e ampliação das desigualdades e tensões sociais.

Com o fim da Guerra Fria, a China fixou-se em dois grandes objetivos. O primeiro deles consiste em desempenhar o papel de defensora da cultura chinesa e de polo de atração para as comunidades étnicas chinesas existentes em outros Estados asiáticos. O segundo seria o de retomar sua posi-

Questões e visões do mundo atual

ção hegemônica na Ásia Oriental, perdida desde o século XIX.

Por conta de um imenso território, rico em recursos naturais, de seu enorme contingente populacional, de seu contínuo e consistente processo de crescimento econômico e de sua explícita intenção de se tornar a potência hegemônica da Ásia Oriental, o Estado-núcleo da civilização chinesa aparece como um dos principais atores do sistema internacional no século XXI.

A região-núcleo da civilização hindu

A civilização hindu

A área abrangida pela civilização hinduísta engloba primordialmente a Índia – o Estado-núcleo – e, secundariamente, alguns países vizinhos, como Sri Lanka, Nepal, Butão, Mianmar e Tailândia. Há ainda outros Estados nos quais a civilização hindu exerceu alguma influência, como Malásia e Indonésia.

A Península do Indostão, onde se situa a Índia, foi palco de inúmeras invasões, realizadas por povos bastante diversos. Essas invasões ensejaram uma miscigenação étnica e cultural, resultando num sistema social complexo e, ao mesmo tempo, bastante aberto à incorporação de novas ideias e valores. O elemento unificador dessa complexa formação cultural é o hinduísmo – mais que uma religião, ele representa um conjunto de ideias filosóficas. Sua existência permitiu a manutenção de certa coesão social, em um Estado que prima pela diversidade étnica, religiosa e cultural.

O hinduísmo congrega cerca de 80% da população da Índia e convive com uma das maiores comunidades muçulmanas do mundo, formada por mais de 120 milhões de pessoas. O contingente populacional da Índia se aproxima rapidamente do 1,2 bilhão de habitantes e, ao que tudo indica, se tornará a nação mais populosa do planeta por volta de 2040, ultrapassando a China, já que seu crescimento vegetativo é bem superior ao dos chineses.

O hinduísmo, cujas bases filosóficas se assentam sobre um sistema aberto à pluralidade, constitui fator fundamental para manter a coesão do verdadeiro mosaico humano do país. Paradoxalmente, cristalizou a sobrevivência de um sistema de castas que não tem paralelo no mundo.

As castas correspondem a classes de pessoas que tendem a permanecer separadas umas das outras por seus privilégios, preconceito e cultura. Elas são cerca de 3 mil (além de 25 mil subcastas) e, apesar de não reconhecidas pela Constituição, conservam grande força na organização social, especialmente nas áreas rurais, onde se concentram cerca de 60% da população do país. Esse sistema contribui para as enormes desigualdades socioeconômicas, expressas no contraste entre uma classe média de cerca de 100 milhões de pessoas, que participam de um mercado de consumo moderno, e a imensa maioria da população, vítima da mais crônica pobreza.

Tibete: o agitado e estratégico "teto do mundo"

Pessoas que já ouviram falar do Tibete imaginam que ali seja uma área remota, com população mística e exótica, uma espécie de paraíso perdido, o Shangri-la. Para os geógrafos o Tibete é o "teto do mundo", área que abriga as mais elevadas regiões planálticas da Terra. Recentemente, o Tibete tem chamado a atenção por conta das revoltas que lá eclodiram contra o governo central do país.

Na verdade, podem ser distinguidos dois "Tibetes". Um deles é o "Grande Tibete" ou "Tibete histórico", frio e árido, que corresponde a um vasto território, de cerca de 3,5 milhões de km^2, composto por três imensos planaltos (Amdo, Kham e U-Tsang), com altitude média de 4 mil metros emoldurados por cadeias de montanhas que se estendem ao norte do Himalaia. Povoado há séculos por indivíduos de etnia tibetana, possui na atualidade cerca de 6 milhões de habitantes.

O outro ocupa apenas uma parcela do Tibete histórico (1,2 milhão de km^2); refere-se ao Tibete central e corresponde à região autônoma chinesa de Xizang, criada pelo governo de Pequim em 1965. Com cerca de 2 milhões de habitantes, é, por enquanto, a única área do território chinês onde a etnia han não é majoritária.

A originalidade cultural dos tibetanos reside não só em sua língua, mas principalmente em suas tradições político-religiosas, ligadas ao grande poder exercido pelos monastérios budistas, muitas vezes rivais entre si.

O domínio mais efetivo dos chineses sobre o Tibete teve início nas primeiras décadas do século XVIII, mas sua origem encontra-se nos históricos antagonismos entre chineses e mongóis. Foram os monges tibetanos que no século XVI converteram os mongóis ao budismo e os levaram a acatar a autoridade do Dalai Lama, o líder espiritual dos budistas do Tibete. Temendo uma coalizão tibeto-mongol, o Império do Centro (como se autodenominava a China de então) estabeleceu suserania sobre o Tibete.

Essa situação prevaleceu até 1912. Então, aproveitando a turbulência política resultante da dissolução do Império chinês e da implantação da República, os tibetanos conseguiram sua independência, formando um Estado teocrático budista que existiu até 1950, quando foi ocupado pelas forças chinesas.

Desde então as relações entre as autoridades chinesas e os

Mundo contemporâneo

tibetanos foram marcadas por momentos de aparente distensão intercalados por outros de aberta confrontação. Primeiramente, a ocupação chinesa foi feita mediante de acordos firmados entre Pequim e o Dalai Lama. Todavia, ao implementar estratégias forçadas de integração, o governo chinês desencadeou inicialmente uma resistência pacífica da população tibetana, que em 1959 desembocou em graves distúrbios, duramente reprimidos pelas autoridades chinesas. Essa situação levou o Dalai Lama e milhares de membros da elite tibetana a buscar refúgio na cidade de Dharamsala (Índia), onde foi criado um governo tibetano no exílio.

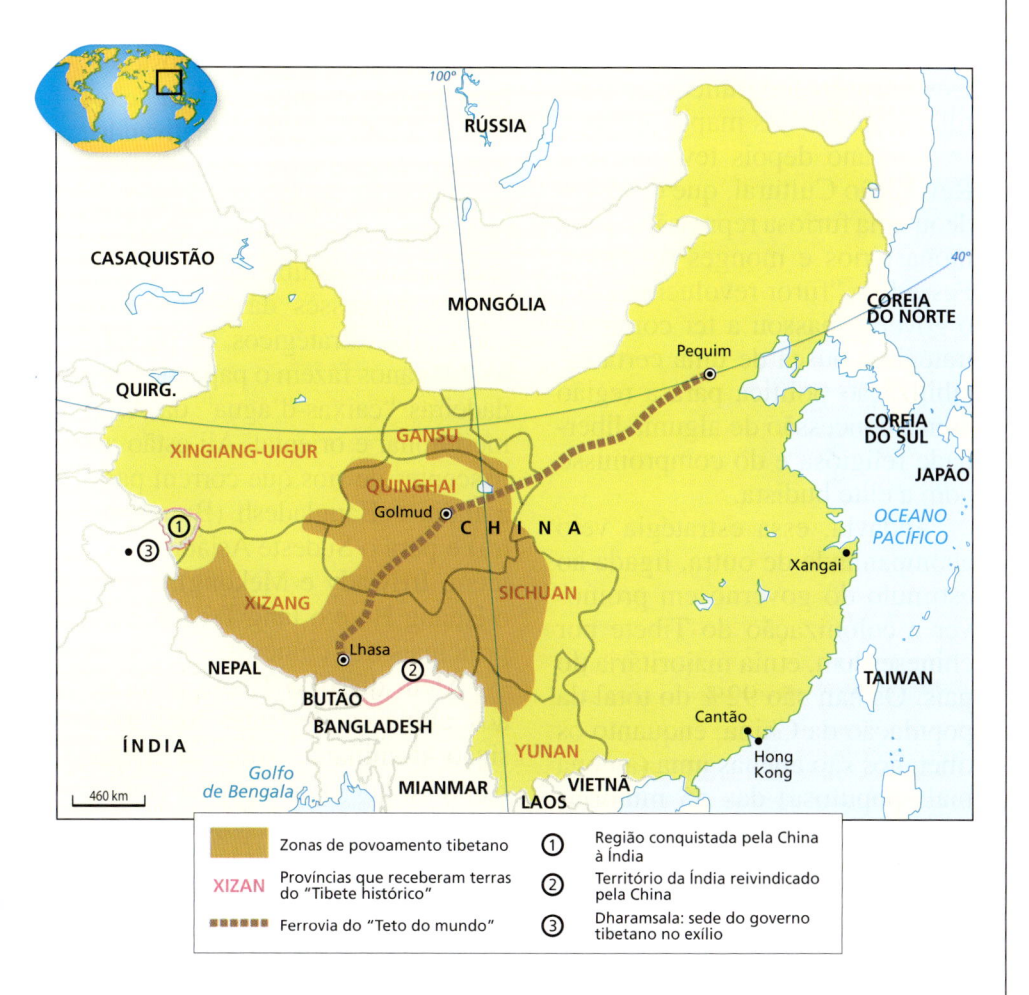

Tibete, no "Teto do mundo"

Na década de 1960, dois eventos mostraram a disposição de Pequim em integrar o Tibete a qualquer custo. Em 1965, numa manobra político-administrativa, cerca de 2,3 milhões de km² foram desmembrados do Tibete histórico e atribuídos às províncias vizinhas de Gansu, Qinghai, Sichuan e Yunan. No restante do território tibetano histórico o governo chinês criou a província autônoma de Xizang. É este espaço geográfico que identifica o Tibete nos mapas atuais.

Um ano depois teve início a Revolução Cultural, que desencadeou uma furiosa repressão contra monastérios e monges tibetanos. Passado o "furor revolucionário", o governo passou a ter como estratégia a busca de uma certa estabilização política para a região com a concessão de alguma liberdade religiosa e do compromisso com a elite budista.

Todavia, essa estratégia veio acompanhada de outra, ligada ao estímulo do governo em promover a colonização do Tibete por chineses han, etnia majoritária do país. Os han são 92% do total da população da China, enquanto os tibetanos são apenas uma (a nona mais populosa) das 55 minorias étnicas reconhecidas por Pequim. Essa estratégia ganhou maior impulso com a conclusão, em 2006, da ferrovia do "teto do mundo", que passou a conectar Pequim à capital do Tibete.

A resistência ao que muitos designam como um "genocídio cultural" promovido pelas autoridades chinesas apresenta duas vertentes principais. Uma delas tem um caráter mais passivo, não violento. Inspirada nos princípios do budismo, tem como líder o Dalai Lama. Seu objetivo é a maior autonomia possível, mais ou menos no estilo "um país, dois sistemas", como o aplicado em 1997 para Hong Kong. A outra oposição, bem menos conhecida, tem feito apelos à luta armada, objetivando a independência total. Sejam esses movimentos bem-sucedidos ou não, uma coisa é certa: o Tibete é cada vez menos tibetano.

Os interesses da China são, sobretudo, estratégicos. Os planaltos tibetanos fazem o papel de verdadeiras "caixas-d'água" da Ásia meridional e oriental. Ali estão as nascentes de rios que correm para a Índia e Bangladesh (Bramaputra) e para o Sudeste Asiático (Saluem, Irriwady e Mekong), como o Huang Ho e o Iang Tse, os dois principais rios chineses.

Além disso, o Tibete permite aos chineses desfrutar uma posição dominante sobre a longa fronteira que o país possui com a Índia. Pequim ainda hoje contesta o traçado das fronteiras com a Índia e Nepal (a linha Mac Mahon), que considera terem sido impostas pelo imperialismo britânico no século XIX.

Mundo contemporâneo

As potências e suas políticas de segurança energética

Em uma era de escassez crescente de hidrocarbonetos, a diversificação das fontes e dos fornecedores comanda o planejamento estratégico dos grandes consumidores. Todos os países do mundo, em maior ou menor grau, preocupam-se com sua segurança energética. O problema se coloca de maneira crucial para as grandes potências, que carecem de matérias-primas energéticas suficientes para seu consumo e dependem de importações energéticas.

A matriz energética mundial concentra-se fortemente nos hidrocarbonetos (petróleo, carvão e gás), que respondem por cerca de 80% das fontes primárias de energia na atualidade. O petróleo, isoladamente, é responsável por quase 40% do total. Consideradas

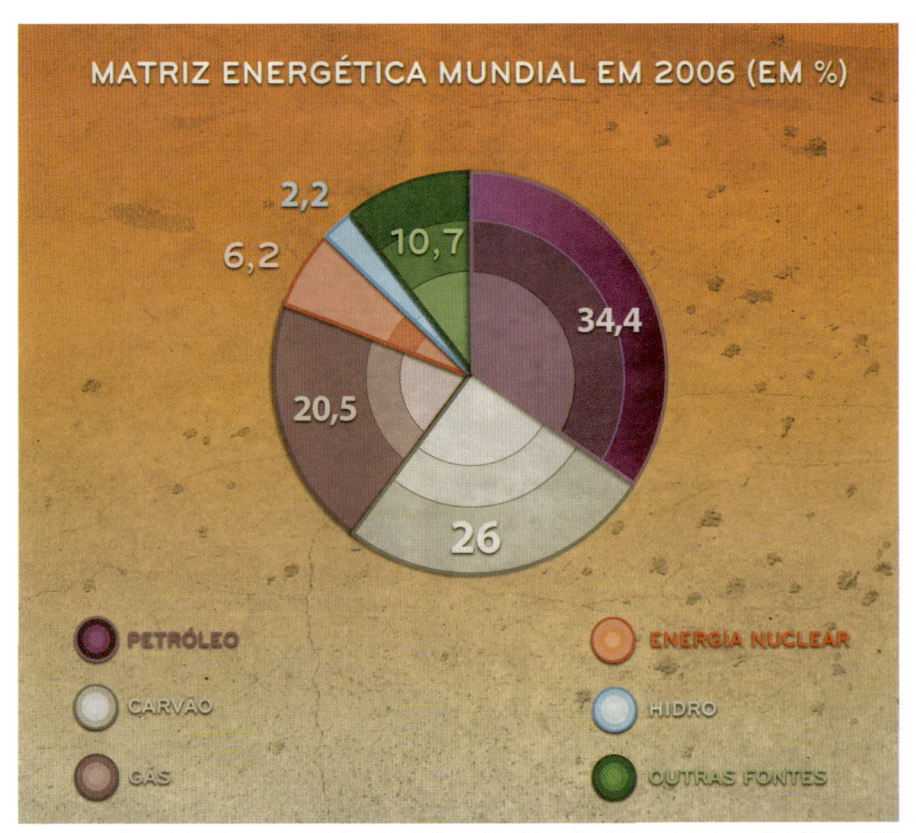

MATRIZ ENERGÉTICA MUNDIAL EM 2006 (EM %)

- PETRÓLEO: 34,4
- CARVÃO: 26
- GÁS: 20,5
- ENERGIA NUCLEAR: 6,2
- HIDRO: 2,2
- OUTRAS FONTES: 10,7

Fonte: Agência Internacional de Energia e *La Guerre Mondiale du Pétrole* (François Lagargue, Paris Ellipses, 2008).

39

matérias-primas não renováveis, as reservas exploráveis de hidrocarbonetos tendem a se esgotar ao longo das próximas décadas.

Simultaneamente, o aumento do uso de combustíveis fósseis, especialmente carvão e petróleo, enfrenta restrições políticas em virtude dos esforços internacionais e nacionais para controlar as emissões de gases de efeito estufa. Assim, vem se tornando premente diminuir a participação dessas fontes na matriz energética mundial.

Os maiores exportadores de petróleo na atualidade podem ser agrupados em três conjuntos. O primeiro é o dos países da região do Golfo Pérsico, onde estão também as maiores reservas comprovadas e os maiores produtores, com destaque para a Arábia Saudita, o Irã e, potencialmente, o Iraque. O segundo grupo é formado pela Rússia e algumas antigas repúblicas soviéticas do Cáucaso e da Ásia Central, como o Azerbaijão e o Casaquistão. Por fim, aparecem alguns expressivos exportadores da América Latina, como o México e a Venezuela.

Do lado dos importadores, Estados Unidos, Japão e União Europeia (UE), que concentram cerca de 15% da população mundial, são responsáveis por metade do consumo total do petróleo, enquanto China e Índia, com 38% da população global, consomem 12%.

Na matriz energética dos Estados Unidos, o petróleo participa com cerca de 40% do total. O país é o terceiro produtor e o maior importador mundial do "ouro negro". As importações americanas cobrem cerca de dois terços de seu consumo. Quase metade dessas importações provém do Canadá, seu principal fornecedor, do

PETRÓLEO: PRINCIPAIS RESERVAS E PRODUTORES (2007)

RESERVAS (%)		PRODUTORES (%)	
22	ARÁBIA SAUDITA	ARÁBIA SAUDITA	12,6
11,4	IRÃ	RÚSSIA	12,5
8,5	IRAQUE	E.U.A	8
8,4	KUWAIT	IRÃ	5,4
8,1	E. A. UNIDOS	CHINA	4,8
6,6	VENEZUELA	MÉXICO	4,4
6,2	RÚSSIA	CANADÁ	4,1

Fonte: Agência Internacional de Energia e *La Guerre Mondiale du Pétrole* (François Lagargue, Paris Ellipses, 2008).

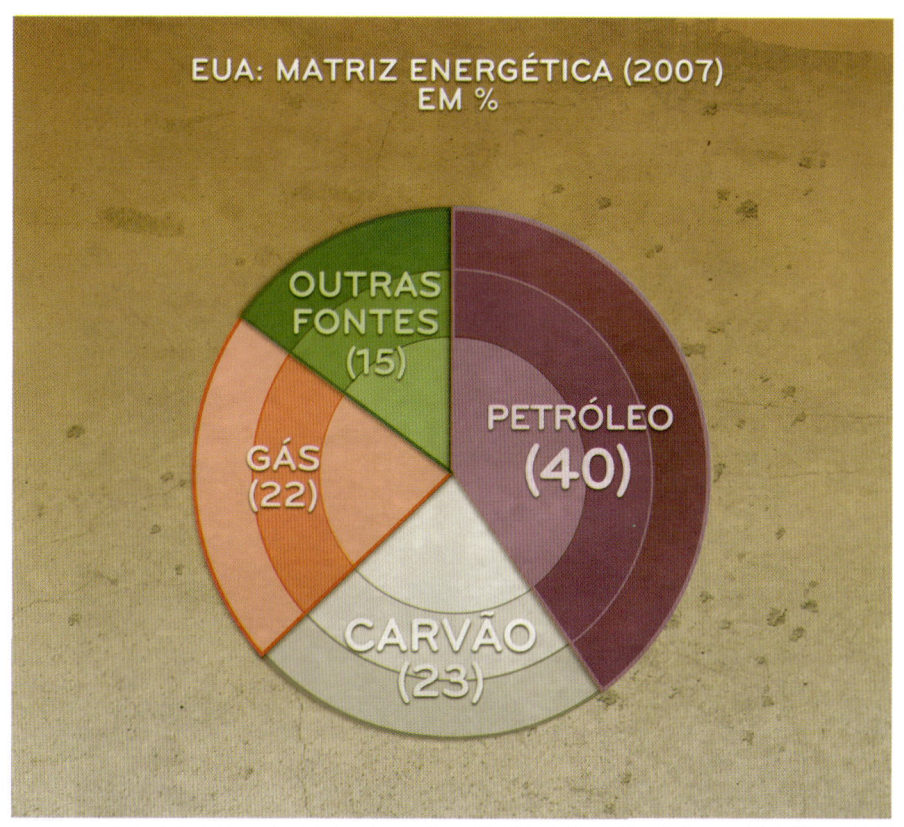

Mundo contemporâneo

EUA: MATRIZ ENERGÉTICA (2007) EM %

- PETRÓLEO (40)
- CARVÃO (23)
- GÁS (22)
- OUTRAS FONTES (15)

Fonte: Agência Internacional de Energia e *La Guerre Mondiale du Pétrole* (François Lagargue, Paris Ellipses, 2008).

México e da Venezuela. Cerca de 30% do petróleo consumido origina-se da África, e apenas 16% provém do Golfo Pérsico, região que há duas décadas fornecia 25% do total das importações.

O Japão, país carente de matérias-primas, é o terceiro maior importador de petróleo. Apesar da expressiva participação do carvão, do gás e da fonte nuclear, o petróleo corresponde a quase metade de sua matriz energética. Grande parte das importações japonesas de petróleo é originária de países do Oriente Médio.

A União Europeia engloba países com matrizes energéticas bem diferenciadas. Desde a década de 1980, os europeus desenvolvem processos de mudanças na estrutura de suas fontes de abastecimento, levando em conta tanto a segurança energética como as políticas ambientais. É na Europa que se encontram os países da linha de frente do Protocolo de Kyoto. A Rússia fornece um terço do petró-

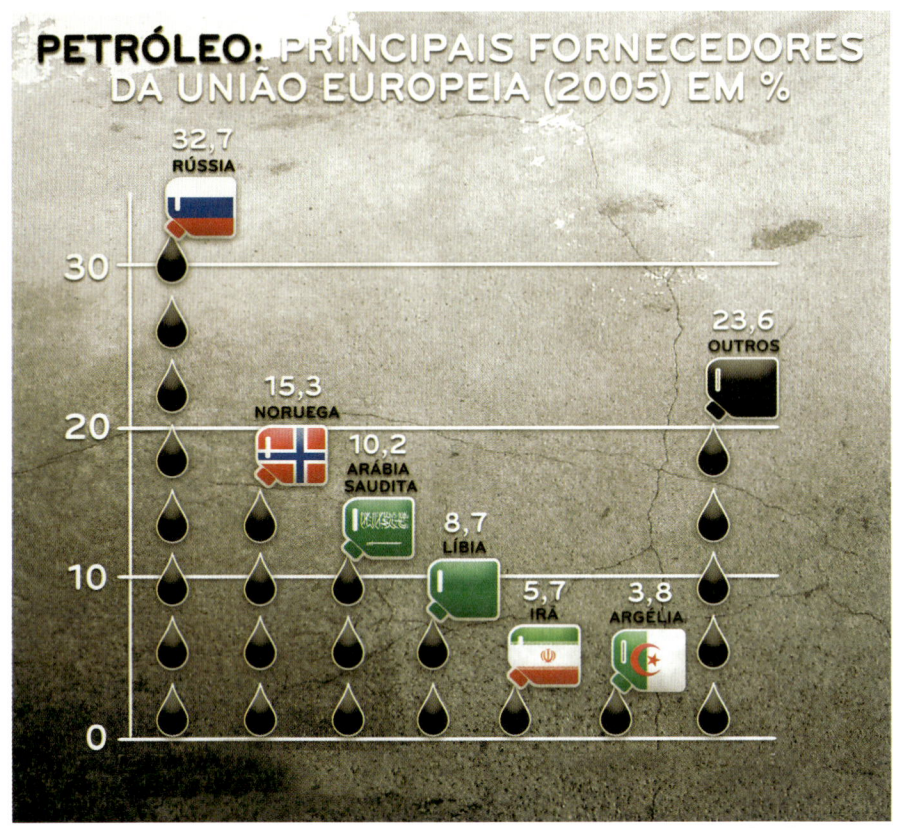

PETRÓLEO: PRINCIPAIS FORNECEDORES DA UNIÃO EUROPEIA (2005) EM %

- 32,7 RÚSSIA
- 15,3 NORUEGA
- 10,2 ARÁBIA SAUDITA
- 8,7 LÍBIA
- 5,7 IRÃ
- 3,8 ARGÉLIA
- 23,6 OUTROS

Fonte: Agência Internacional de Energia e *La Guerre Mondiale du Pétrole* (François Lagargue, Paris Ellipses, 2008).

leo importado pelos países da UE, seguida da Noruega, Arábia Saudita, Líbia e Irã. Os demais fornecedores são quase todos do Golfo Pérsico e da África.

A China, país com maior ritmo de crescimento econômico do mundo, é o segundo maior consumidor de petróleo, produto cujo consumo cresceu cerca de 60% nos últimos dez anos. No entanto, o petróleo corresponde à terceira fonte mais importante da matriz energética chinesa, superado pelo carvão e pelo gás. Do Golfo Pérsico provêm cerca de 40% das importações chinesas. Mais atrás, como fornecedores, aparecem África e Rússia.

Como a China, a Índia tem sua matriz energética baseada no carvão. O país é o terceiro maior produtor mundial dessa matéria-prima, logo atrás da China e dos Estados Unidos. Mas, também como os chineses, as necessida-

Mundo contemporâneo

des de petróleo dos indianos são cada vez maiores, o que faz o país importar 70% de suas necessidades de consumo. Estimativas indicam que, em 2030, a Índia será o terceiro maior consumidor e importador mundial. Mais de dois terços do petróleo importado origina-se dos países do Golfo Pérsico e quase 25%, da África, especialmente da Nigéria.

A estratégia dos grandes consumidores em termos de segurança energética segue determinados padrões gerais. Do ponto de vista externo, a saída tem sido diversificar os países fornecedores, evitando depender demasiadamente dos localizados em regiões com frequentes turbulências políticas, como é o caso do Oriente Médio. Internamente, a palavra de ordem

CHINA: MATRIZ ENERGÉTICA E PRINCIPAIS REGIÕES FORNECEDORAS (2007)

FONTE PRIMÁRIA (%)	REGIÃO (%)
CARVÃO 62	ORIENTE MÉDIO 44
PETRÓLEO 19	ÁFRICA 32
GÁS 2,4	RÚSSIA 11
OUTRAS FONTES 16,6	OUTRAS 13

Fonte: Agência Internacional de Energia e *La Guerre Mondiale du Pétrole* (François Lagargue, Paris Ellipses, 2008).

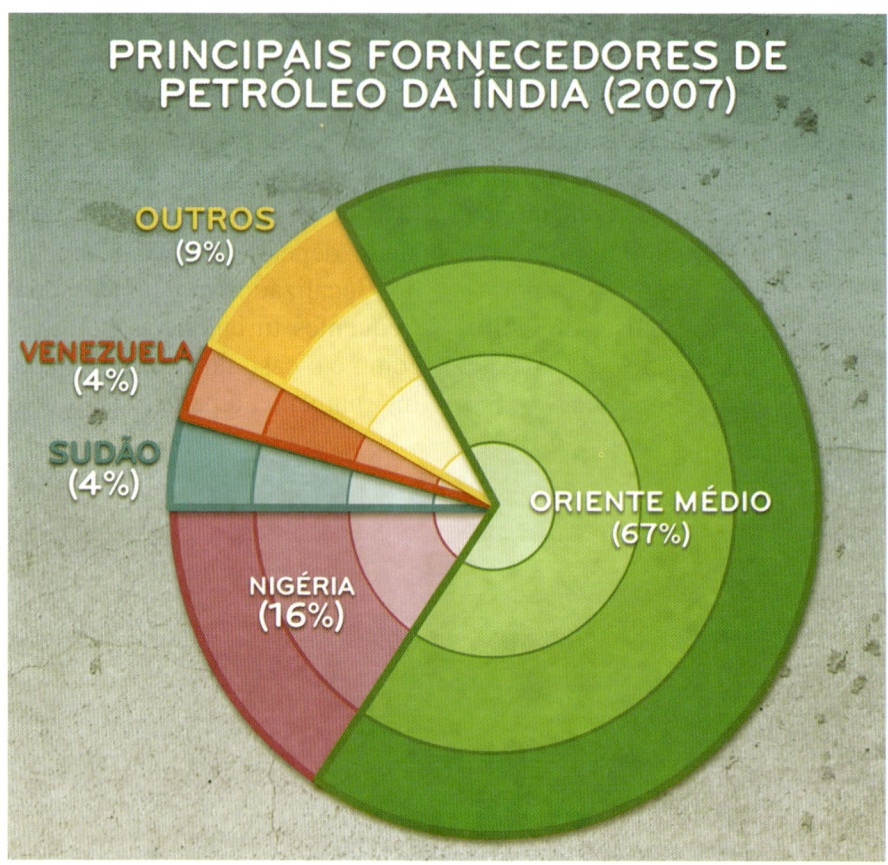

PRINCIPAIS FORNECEDORES DE PETRÓLEO DA ÍNDIA (2007)

- OUTROS (9%)
- VENEZUELA (4%)
- SUDÃO (4%)
- NIGÉRIA (16%)
- ORIENTE MÉDIO (67%)

Fonte: Agência Internacional de Energia e *La Guerre Mondiale du Pétrole* (François Lagargue, Paris Ellipses, 2008).

é apostar na diversificação da base energética, incrementando pesquisas e exploração de fontes alternativas e aperfeiçoando tecnologias que aumentam a eficiência no uso dos insumos energéticos.

Os preços do petróleo caíram abruptamente, mas devem voltar a subir em médio prazo, o que estimula a prospecção e exploração de novas jazidas. O petróleo existe em enorme quantidade na natureza, porém as reservas de exploração economicamente viáveis representam apenas uma pequena parcela do incalculável estoque total. No caso da camada de pré-sal brasileiro, por exemplo, a exploração é viável, mas apenas com o retorno dos preços do barril aos níveis anteriores à crise econômica global.

Mundo contemporâneo

Japão e Rússia: populações em retração

Nosso planeta possui atualmente quase 7 bilhões de habitantes. Mantendo-se as atuais tendências demográficas, o mundo passará a ter aproximadamente 9 bilhões em 2050. Metade desse crescimento populacional dos próximos 40 anos terá como responsáveis apenas nove países (Índia, Paquistão, Bangladesh, Nigéria, República Democrática do Congo, Uganda, Etiópia, China e Estados Unidos). Com exceção dos Estados Unidos, que terá um crescimento expressivo por conta da imigração, todos os demais países são considerados pobres ou muito pobres.

Por outro lado, cerca de cinquenta países, em sua maioria considerados desenvolvidos, como Alemanha, Itália e Japão, vão perder população até 2050. A Rússia representa um caso emblemático no que diz respeito à quantidade de população que o país está "perdendo" e ainda deverá perder. Se, por exemplo, compararmos o "encolhimento demográfico" da Rússia e do Japão, veremos que sua causa, dinâmicas e consequências são bem diferenciadas.

Excetuando-se o período da Segunda Guerra Mundial, o Japão só começou a apresentar uma diminuição absoluta de população entre 2004 e 2005. A perda populacional nesse período foi de aproximadamente 20 mil habitantes. Essa diminuição, já prevista desde a década de 1970, tem como causas fundamentais a queda da taxa de natalidade a níveis muito baixos e o aumento da mortalidade.

Possuindo um dos mais elevados padrões de vida do mundo, os casais japoneses têm cada vez menos filhos ao mesmo tempo que a expectativa de vida é cada vez maior. Hoje o país está entre aqueles com maior participação de indivíduos idosos em relação à população total. Esse segmento etário é o mais suscetível a determinados tipos de doenças, especialmente gripes.

O caso da Rússia é bem diferente. Primeiramente, a diminuição da população russa é mais antiga e muito mais expressiva numericamente falando que a japonesa. Nos últimos dez anos, a população da Rússia encolheu em cerca de 10 milhões de indivíduos. Hoje ela é de aproximadamente 140 milhões e, mantidas as tendências demográficas, ficará reduzida a mais ou menos 100 milhões em 2050. As causas gerais dessa "sangria" populacional são a queda da natalidade, o aumento da mortalidade e a emigração.

Na época da União Soviética, de maneira geral os jovens casavam com pouco mais de 20 anos e logo tinham filhos. Hoje essa situação é adiada ao máximo. Mas a natalidade é também contida, e muito, pelas dificuldades econômicas que se acentuaram após o fim da União Soviética (1991). A caótica transição para a economia de mercado levou à ampliação do desemprego, ao rebaixamento dos salários, ao déficit crônico de moradias e ao aumento do custo de vida e dos serviços de saúde. Segundo o Banco Mundial, 20% da população russa vive hoje abaixo do nível de pobreza, recebendo o equivalente a R$ 90,00 por mês.

A elevada mortalidade na Rússia não está ligada aos efeitos decorrentes do expressivo número de idosos, como no Japão. A singularidade reside na elevada taxa de mortalidade precoce entre indivíduos do sexo masculino, situação atribuída ao elevado consumo de álcool e tabaco e também a tensões geradas pelos problemas econômicos que o país vem atravessando. À guisa de comparação, hoje a expectativa de vida de um russo é de 59 anos, enquanto a de um nipônico é de 80.

Desde a desintegração da União Soviética, em 1991, muitas pessoas de origem russa que viviam em outras repúblicas que a compunham retornaram para a pátria-mãe. Ao mesmo tempo, milhões de russos deixaram o país em busca de melhores condições de vida, principalmente em países da Europa Ocidental, Estados Unidos e Israel. Embora esse movimento de saída aparentemente esteja diminuindo, estimativas indicam que nos últimos dez anos cerca de 5,5 milhões de cidadãos russos abandonaram o país.

Curiosamente, tanto o governo do Japão como o da Rússia, distante da situação demográfica atual, vêm lançando mão de programas que estão recompensando financeiramente os casais que se disponham a ter mais filhos.

A importância do poder aéreo

Há pouco mais de um século, o brasileiro Alberto Santos Dumont foi o primeiro homem a realizar um voo a bordo de um veículo aéreo mais pesado que o ar. Em 23 de outubro de 1906, em Paris, perante inúmeras testemunhas, o "14 Bis" alçou voo e se constituiu em um marco histórico para a aviação. Embora essa primazia seja objeto de questionamentos, Santos Dumont é considerado o brasileiro que mais se destacou na história da aviação mundial. De certa maneira, pode-se debitar o sucesso atual da Embraer (Empresa Brasileira de Aeronáutica) à experiência pioneira daquele que recebeu a alcunha de "pai da aviação".

Desde então, a aviação vem apresentando uma rápida e contínua evolução, tanto no que diz respeito ao uso de aviões no transporte voltado para fins comerciais (carga e passageiros) como no que tange aos usos de caráter militar.

A expansão do transporte de cargas em larga escala teve grande aceleração a partir do final da Segunda Guerra Mundial, e o transporte de pessoas "explodiu" com o aumento da atividade turística (férias e negócios) a partir da segunda metade da década de 1980.

O maior fluxo de cargas e passageiros, assim como o maior número de rotas áreas, concentra-se no hemisfério norte, tendo como pontos nodais os Estados Unidos, os países da Europa Ocidental e os do Extremo Oriente. Não coincidentemente, esse maior movimento ocorre nas áreas do mundo onde se localizam as economias mais desenvolvidas.

Isso pode ser comprovado por alguns dados: os aeroportos com o maior movimento de passageiros são os de Atlanta (82 milhões) e de Chicago (75 milhões), ambos nos Estados Unidos. O de maior tráfego aéreo internacional é o de Heatrow, em Londres (média de 460 mil pousos/decolagens ao ano). O de maior movimento de cargas é o de Memphis (EUA). O aeroporto de Guarulhos-São Paulo, um dos mais movimentados do "sul subdesenvolvido", ocupa apenas o 65º lugar no *ranking* de passageiros.

A importância de conhecer e dominar espaços físicos que atendessem a objetivos geopolíticos dos Estados ensejou o surgimento de teorias geopolíticas relacionadas a ideias de domínio e poder mundial. Uma das mais importantes dessas teorias foi a do poder marítimo, desenvolvida pelo norte-americano Alfred Mahan no século XIX. Ele defendia a ideia de que o controle dos mares para fins comerciais e militares era um fator crucial para que um país tivesse relevância política no contexto internacional.

Já a teoria do poder continental teve no britânico Halford Mackinder seu grande expoente. Sua ideia principal baseava-se no fato de que de determinada porção do território da Eurásia, especificamente a região da Europa centro-oriental, "emanaria" uma espécie de poder e o país que controlasse essa área, o *hearthland*, teria condições de exercer o poder mundial. As ideias de Mackinder influenciaram sobremaneira a demarcação das novas fronteiras surgidas na Europa Oriental no fim da Primeira Guerra Mundial – exemplo emblemático foi a criação do corredor polonês de Dantzig.

A mais recente dessas teorias geopolíticas foi a do poder aéreo, que teve como ideólogo Alexander Severky, em plena Segunda Guerra. Segundo ele, a cena principal e decisiva dos conflitos modernos não estaria na terra, nem no mar, mas no "oceano de ar". Essas considerações, até certo ponto, permeiam ainda hoje o conceito de poder aéreo.

A soberania sobre o espaço aéreo existente sobre os espaços nacionais é uma noção recente na história e só teve razão de existir com o advento do avião. Até a Primeira Guerra Mundial o sobrevoo de um país não era objeto de restrições. A crescente importância estratégica da aviação levou primeiramente a uma limitação do sobrevoo apenas abaixo de determinada altitude.

Quando se percebeu o grande valor da aviação na observação e coleta de informações cada vez mais precisas sobre localizações estratégicas e o poder de destruição dos aviões de ataque, as restrições para o uso dos espaços aéreos nacionais ficaram cada vez mais rígidas. Atualmente, o conceito de soberania sobre o espaço aéreo está relacionado com a capacidade de cada país em impedir o sobrevoo de seu território por aeronaves não autorizadas. A implantação do Sivam (Sistema de Vigilância da Amazônia) exemplifica as preocupações com o controle do espaço aéreo brasileiro.

É claro que países como os Estados Unidos, detentores de satélites-espiões equipados com sofisticados sistemas de observação que orbitam ou estão semiestacionários na alta atmosfera, têm a capacidade de obter informações de tal forma que colocam em xeque o conceito de soberania sobre os espaços aéreos nacionais.

Por outro lado, não se deve esquecer que o primeiro evento importante da política internacional no início do século XXI, os ataques às Torres Gêmeas e ao Pentágono, teve como "protagonista" o invento longinquamente criado por Santos Dumont.

À procura dos ideais olímpicos

Em 2008, foram realizados em Pequim os XXIX Jogos Olímpicos da Era Moderna. Os de 2012 e de 2016 já têm escolhidas suas cidades-sedes: Londres e Rio de Janeiro, respectivamente.

A origem desses jogos encontra-se na Antiguidade, quando os gregos realizavam festivais esportivos em honra de Zeus (e outros deuses) no santuário de Olímpia. Séculos depois, as Olimpíadas perderam prestígio com o domínio romano sobre a Grécia. Em 392 d.C., o imperador Teodósio I, que havia se convertido ao cristianismo, proibiu todas as festas que tivessem caráter pagão. O politeísmo dos jogos era inaceitável para um monarca convertido a uma religião monoteísta. As Olimpíadas só voltariam a ser realizadas em 1896, na Grécia (Atenas), por iniciativa de Pierre de Fredy (1863--1937), o barão de Coubertin, que também fundou o Comitê Olímpico Internacional (COI).

Na Grécia Antiga as Olimpíadas eram cerimônias de confraternização política, social e religiosa, imortalizadas pelos poetas da época que contavam as façanhas dos heróis olímpicos. Na atualidade os Jogos se constituem num evento único, transmitido ao vivo pela televisão e assistido por bilhões de pessoas em todo o mundo.

O ideal de Coubertin era resgatar o sentido original das Olimpíadas, que antes de tudo deveriam promover o encontro plural entre os povos. Mas o sentido pluralista dos Jogos foi invariavelmente contaminado por interesses econômicos e disputas geopolíticas.

A partir dos anos 1970, por exemplo, o COI permitiu que atletas profissionais participassem das competições, antes somente reservadas a amadores. Com isso, grandes corporações internacionais ligadas ao setor esportivo (Nike, Adidas, entre outras) passaram a oferecer patrocínios milionários a alguns atletas, e vários deles começaram então a utilizar os mais variados tipos de drogas para melhorar seus rendimentos físicos (e monetários).

Mas os patrocínios não ficaram restritos aos atletas. Nas Olimpíadas de 2008, por exemplo, transnacionais como a Coca-Cola, a Lenovo, a rede McDonald's e a Samsung despenderam a bagatela de 100 milhões de dólares cada em patrocínios, enquanto a Volkswagen, a Adidas e a Air China entraram com cotas de US$ 50 milhões.

Se na Antiguidade as Olimpíadas interrompiam as guerras, o mesmo não aconteceu com os Jogos Olímpicos modernos. Três deles, os de 1916, 1940 e 1944, não foram disputados em razão das duas guerras mundiais. E em praticamente todas as edições dos Jogos o espírito olímpico foi atropelado por algum tipo de questão política.

Por exemplo, na Olimpíada de 1920 (Antuérpia, Bélgica) as nações derrotadas na Primeira Guerra Mundial (Áustria, Alemanha, Hungria e Turquia) não foram convidadas, assim como também não o foram o Japão e a Alemanha para a Olimpíada de Londres (1948). Nos jogos de 1936, em Berlim, Adolf Hitler, defensor da supremacia da raça ariana, retirou-se antes da premiação do atleta negro norte-americano Cornelius Johnson.

Em 1952, depois de longas discussões com o COI, China e Taiwan desistiram de participar daqueles Jogos, realizados em Helsinque (Finlândia). Em 1956, por conta da Crise de Suez, Egito, Iraque e Líbano desistiram de participar dos Jogos de Melbourne (Austrália), o mesmo acontecendo com a Holanda e Espanha, que protestaram contra a invasão soviética da Hungria.

A de 1960, em Roma, foi a última Olimpíada da qual a África do Sul participou, em razão dos protestos internacionais contra o regime do *apartheid* (o país, expulso do COI, só voltaria a participar dos Jogos em 1992). Nos Jogos de 1960, realizados um ano antes da construção do Muro de Berlim, as duas Alemanhas desfilaram e competiram sob a bandeira olímpica.

A radicalização das lutas do movimento negro norte-americano teve reflexos nos Jogos do México (1968). Um grupo de atletas do país, usando luvas e boinas negras, transformou a cerimônia de entrega das medalhas numa demonstração política. Nos primeiros acordes do hino americano eles ergueram os punhos fechados na saudação-símbolo do movimento *Black Power*.

Os jogos de Munique (Alemanha, 1972) ficaram marcados pela ação do grupo extremista palestino Setembro Negro, que sequestrou e matou nove atletas de Israel. Nas Olimpíadas de Moscou (1980), os Estados Unidos lideraram um boicote de 62 países em protesto contra a invasão soviética do Afeganistão ocorrida em 1979.

Na Olimpíada seguinte, os soviéticos e países do bloco socialista (com exceção da Romênia) boicotaram os jogos realizados em Los Angeles. Nos Jogos Olímpicos de 1992 (Barcelona, Espanha), a Iugoslávia, em guerra interna desde o ano anterior, foi proibida de participar de esportes coletivos. Seus atletas só puderam se inscrever em modalidades individuais, sem o uso da bandeira nacional.

Mesmo antes de iniciadas, as Olimpíadas de Pequim foram alvo de questionamentos por grupos que promoveram manifestações em várias partes do mundo exigindo o boicote aos Jogos. O desrespeito aos Direitos Humanos no país, as "relações especiais" da China com o Sudão (acusado de genocídio de populações na região de Darfur) e a repressão aos monges tibetanos ensejaram aquelas manifestações.

"Que a alegria e o companheirismo reinem e, dessa maneira, a tocha olímpica siga através dos tempos, promovendo a amizade entre os povos para o bem de uma humanidade cada vez mais entusiasmada, corajosa e pura." As palavras de Pierre de Coubertin nunca pareceram tão fora de lugar.

Questões e visões do mundo atual

A guerra na Geórgia e o novo papel da Rússia

O conflito que eclodiu em 2008 entre a Rússia e Geórgia não foi o primeiro e não será o último a ocorrer na turbulenta região do Cáucaso. O conflito atual teve início quando forças da Geórgia atacaram Tskhinvali, capital da região separatista da Ossétia do Sul. Algumas horas após essa ação militar, forças russas adentraram a Ossétia do Sul e de forma fulminante expulsaram os georgianos e atacaram bases militares no interior do país. Para entender as raízes das questões geopolíticas regionais faz-se necessária uma contextualização geográfica e histórica da região do Cáucaso.

O Cáucaso abrange uma cadeia de montanhas localizada entre os mares Negro e Cáspio, com inúmeros planaltos e vales fluviais em seu interior. A cadeia montanhosa apresenta picos cujas altitudes ultrapassam 5 mil metros.

A região é um mosaico étnico, nacional, religioso e linguís-

① Naktchevan (Região autônoma pertencente ao Azerbaijão)
② Nagorno-Karabakh (Maioria armênia)

- Cáucaso não russo ou Transcaucásia
- Repúblicas autônomas que fazem parte da Federação Russa
- ★ Movimentos separatistas
- Área ocupada pela Armênia
- Principais jazidas de hidrocarbonetos (petróleo/gás)

A turbulenta região do Cáucaso

tico, constituído de duas partes: na vertente norte da cadeia, está a Ciscaucásia ou Cáucaso russo. Lá se localizam sete repúblicas autônomas que fazem parte da Federação Russa.

A vertente sul corresponde à Transcaucásia, ou Cáucaso não russo, onde se situam a Geórgia, a Armênia e o Azerbaijão, repúblicas que até 1991 fizeram parte da União Soviética. Com a desintegração da URSS, as três repúblicas tornaram-se independentes e se integraram à Comunidade de Estados Independentes (CEI). No interior da Geórgia existem três regiões autônomas, e duas delas, a Abkházia e a Ossétia do Sul, pretendem se separar da Geórgia.

Os russos incorporaram a região do Cáucaso na época do Império Russo, em um processo que se estendeu da segunda metade do século XVIII até mais ou menos 1870. Em 1917, com o fim do Império, a União Soviética herdou esse território e o manteve sob domínio até 1991. Mesmo com a independência das repúblicas da Transcaucásia, a Rússia nunca deixou de considerar essa área como sua zona de influência. Há séculos os russos consideram que suas fronteiras estratégicas estão além de suas fronteiras políticas.

Todos os limites internacionais e os das repúblicas e regiões autônomas existentes hoje na região foram traçados entre 1923 e 1936 pelo ditador soviético Josef Stalin, curiosamente nascido na Geórgia. Esse traçado, quase sempre estabelecido de forma arbitrária, tem engendrado conflitos e tensões geopolíticas.

Por exemplo, em 1991-1992 ocorreram graves conflitos entre a Geórgia e as regiões separatistas da Abkházia e da Ossétia do Sul. Nesta última, um cessar-fogo foi alcançado em 1992 com interferência internacional e com a ajuda de "forças de paz", essencialmente russas, da CEI. Nos últimos dezesseis anos, a situação ficou "congelada"; nem paz, nem guerra.

Mais recentemente, a situação se deteriorou em consequência da combinação de vários fatores. Em 2004, no bojo da chamada Revolução Rosa, Mikhail Saakashvili foi eleito presidente da Geórgia e estreitou os laços com os Estados Unidos, que passou a estimular a entrada da Geórgia na Organização do Tratado do Atlântico Norte (Otan). Saakashvili também prometeu restabelecer a efetiva soberania sobre as regiões separatistas da Ossétia do Sul e da Abkházia.

Nesse contexto há também uma dimensão econômica. A Bacia do Cáspio é a única grande reserva de hidrocarbonetos afastada de saídas para mares abertos. Até recentemente, o único duto que conectava as áreas produtoras do Cáspio ao Mar Negro atravessava a Rússia. Depois de 2005, entrou em funcionamento o oleoduto BTC, conectando Baku (Azerbaijão), Tiblisi (Geórgia) e Ceihan (Turquia), que não corta o território russo. Com essa mesma característica há um oleoduto que liga Baku ao porto de Supsa na Geórgia.

A retumbante vitória militar russa mostrou a incapacidade de pressão do Ocidente contra a Rússia, que pela primeira vez desde o fim da União Soviética mostrou seu atual poder de fogo contra outro país. Depois do colapso da União Soviética, a Rússia foi obrigada a engolir o avanço da Otan sobre os países da Europa Oriental, e este ano a independência da província sérvia de Kosovo foi considerada pelo povo russo uma afronta ao orgulho nacional. Derrotando a Geórgia, país apoiado pelos Estados Unidos, a vitória russa significou uma espécie de revanche à atitude ocidental nos Bálcãs.

A Rússia de 2008 não é aquele país enfraquecido do início da década de 1990. A atual, turbinada economicamente por suas enormes reservas em hidrocarbonetos, da qual a Europa é em grande parte dependente, voltou a ter ambições seculares, condição que permite analogias com o passado soviético e tzarista. Os russos agora estão negociando uma posição de força. Talvez esteja se delineando uma nova/velha estratégia da Rússia que alguns analistas chamaram de Doutrina Putin, isto é, não dar margem a qualquer contestação geopolítica na área que os russos denominam de Exterior Próximo.

Mundo contemporâneo

A tensa fronteira entre os Estados Unidos e o México

A fronteira entre os Estados Unidos e o México é na atualidade um dos mais claros limites entre o mundo rico e o mundo pobre. Em quase toda essa faixa fronteiriça, de cerca de 5 mil quilômetros, existe um muro intercalado por trechos de arame farpado, controlado diuturnamente pela guarda de fronteira norte-americana e por sofisticados sistemas eletrônicos, cujo objetivo é impedir a todo custo a entrada de imigrantes ilegais nos Estados Unidos.

A cada dia, milhares de pessoas atraídas pela riqueza da maior potência econômica do mundo tentam cruzar essa fronteira em busca de uma nova vida. Os que não conseguem permanecem na região esperando uma nova oportunidade. Esta situação gerou uma verdadeira "explosão demográfica" no norte do México, já que, além dos próprios mexicanos, multidões de deserdados de quase toda a América Latina para lá se dirigem. Formaram-se assim enormes bolsões de pobreza que nada ficam a dever às piores favelas brasileiras. Situação semelhante se repete, em menor escala, no lado norte-americano, como é o caso de McAllen (Texas), considerada a cidade com os piores índices de pobreza dos Estados Unidos.

Analistas preveem que, se o ritmo atual de migração para o norte do México for mantido, em cerca de 25 anos 40% dos mexicanos, aproximadamente, estarão vivendo nos estados localizados junto à faixa de fronteira. Atualmente, já vivem na região quase 20% dos mexicanos. Em 1990, eles não chegavam a 15%.

Esse expressivo crescimento demográfico se explica também pelo fato de que foi nessa área que, nas últimas décadas, se instalaram quase 2 mil fábricas de empresas norte-americanas, aproveitando especialmente a baixa remuneração da mão de obra mexicana. Conhecidas como *maquiladoras*, essas unidades fabris se localizam em cidades mexicanas junto à fronteira tendo do outro lado uma cidade "gêmea" dos Estados Unidos. De maneira geral, as *maquiladoras* funcionam da seguinte forma: do lado mexicano ficam as linhas de montagem e do outro lado da fronteira, os setores administrativos.

A geração de empregos pelas *maquiladoras* e a emigração para os Estados Unidos aparecem como alternativas para a melhoria de renda da população pobre.

O crescimento das *maquiladoras* contribuiu também para a

Questões e visões do mundo atual

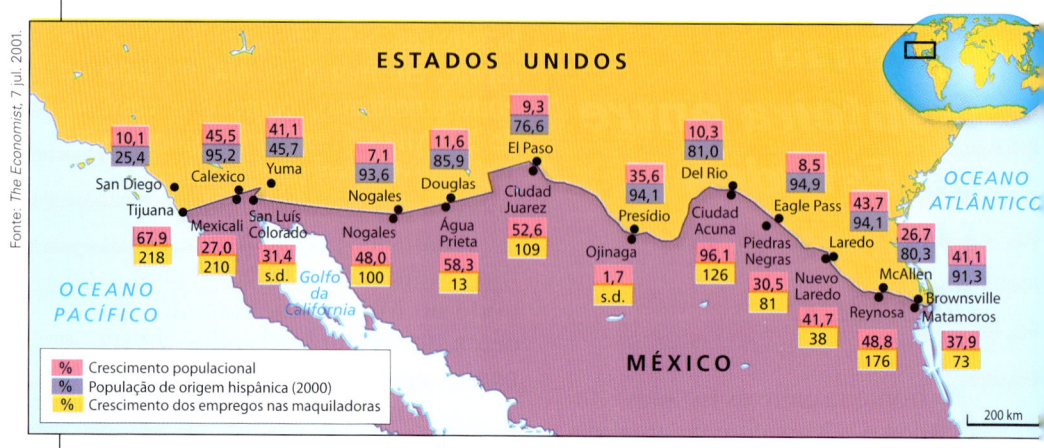

A fronteira entre os Estados Unidos e o México

formação de uma dinâmica região industrial no México setentrional, atividade que antes estava quase exclusivamente concentrada na região central do país.

A cada dia cruzam a fronteira do México para os Estados Unidos cerca de 1 bilhão de barris de petróleo, 400 toneladas de pimenta, 240 mil lâmpadas, além de US$ 51 milhões em peças de todo o tipo. A fronteira é também uma faixa de tensão geopolítica, em razão do tráfico de drogas, armas e dos fluxos de imigração ilegal.

Escondidas em fundos falsos de caminhões, caminhonetes e *vans* viajam toneladas de remédios banidos por lei, sapatos feitos com pele de animais em extinção, armas de todos os tipos, além de heroína, maconha e cocaína. O combate aos cartéis do narcotráfico é um dos pontos centrais das relações entre México e Estados Unidos.

O tráfico de imigrantes ilegais tornou-se também um problema de segurança nacional no México. Seu "comércio", que movimenta cerca de US$ 5 bilhões anuais, é controlado por máfias com ramificações em todo o mundo. Os "guias" desses imigrantes ilegais, conhecidos como coiotes, chegam a cobrar 2 mil dólares por travessia. Nas últimas décadas não foram poucos os imigrantes que perderam a vida na tentativa de travessia. Embora parte deles seja capturada pela polícia de fronteira norte-americana e mandada de volta para o México, estimativas apontam que a cada ano transitam pela fronteira cerca de 1 milhão de imigrantes ilegais.

Entre outros fatores, é por isso que o Acordo de Livre Comércio da América Norte (Nafta) refere-se apenas aos aspectos de livre comércio entre os países-membros. Em nenhum momento sugere a livre circulação de pessoas.

Mundo contemporâneo

Onde estão os piratas do Caribe? No Oceano Índico!

Séculos atrás, a pirataria era um negócio de Estado. Apenas monarcas expediam "autorizações" para os corsários praticarem ações de pirataria. Com o passar do tempo, as ações de pirataria foram minguando, até ficarem restritas às telas dos cinemas.

Na atualidade, quando cerca de 80% do comércio mundial é feito por vias marítimas, a pirataria reapareceu. Primeiro foi no Sudeste Asiático, na região do Estreito de Málaca, entre a Península da Malásia e ilhas da Indonésia. Mais recentemente, os piratas modernos passaram a agir junto às rotas marítimas do Índico, Golfo de Áden e Mar Vermelho, aproveitando a situação de desgoverno em que vive a Somália.

Em 2008, apesar de belonaves dos Estados Unidos, de países europeus, da China e da Índia vigiarem a costa somali, os piratas conseguiram sequestrar dezenas de navios, exigindo o pagamento de um resgate pelo navio, suas mercadorias e tripulação. Foi o caso do superpetroleiro de bandeira saudita Sirius Star, que transportava US$ 200 milhões em barris de petróleo.

Apesar de serem originários de um dos países mais pobres do planeta, os piratas somalis empregam a mais moderna tecnologia para conseguir seus objetivos.

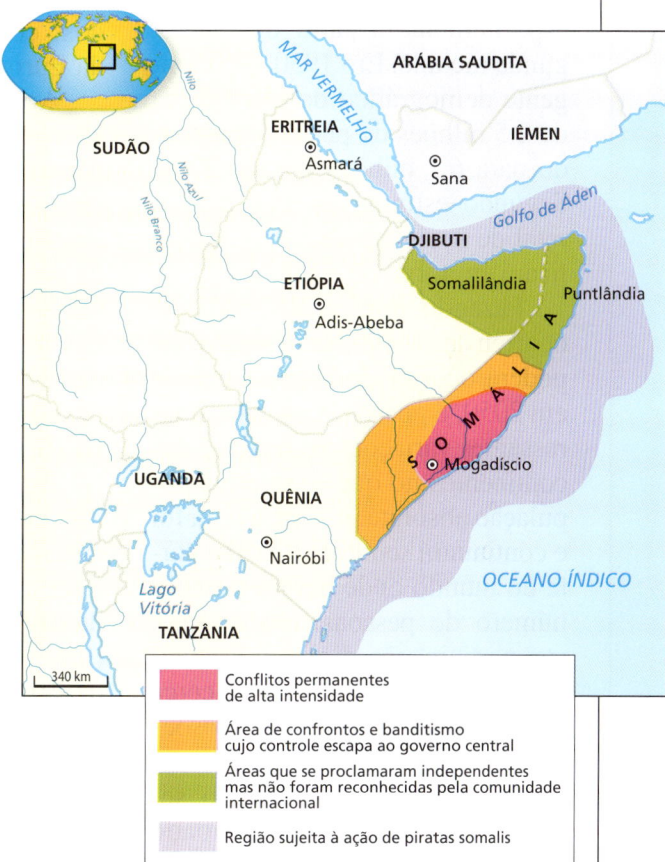

Regiões afetadas por atos de pirataria no Índico

Evolução da população mundial: passado, presente e futuro

A população mundial cresceu muito ao longo do século XX, especialmente a partir de sua segunda metade. Em 1950, o contingente demográfico do planeta era de 2,5 bilhões de pessoas, passando para 6,1 bilhões no ano 2000. Segundo estimativas, em 2050 o total de seres humanos no mundo ficará em torno de 9 bilhões.

Fazendo uma análise do que ocorreu desde 1950 com aquilo que poderá ocorrer demograficamente em 2050, é possível constatar interessantes variações no *ranking* dos continentes no que se refere à população absoluta. Assim, a Ásia foi e continuará sendo em 2050 a parte do mundo onde haverá o maior número de pessoas. No entanto, sua participação diminuirá: atualmente, essa participação é de cerca de 60%, mas em 2050 as previsões apontam para a cifra de 57%.

Nos dias que correm, o segundo continente mais povoado é o africano, que em 1950 tinha um efetivo sete vezes menor que o da Ásia, cerca de duas vezes menor que o da Europa e um número mais ou menos equivalente ao da América do Norte e o da América Latina. Cinquenta anos mais tarde, os africanos já eram mais numerosos que os europeus, que os latino-americanos e que os norte-americanos.

As previsões demográficas indicam que, em 2050, o número de habitantes da África corresponderá a 22% da população mundial e seu efetivo será superior à soma dos contingentes populacionais da Europa e Américas.

Ao final da primeira década do século XXI, dos quase duzentos países que formam a comunidade internacional, os dez mais populosos concentravam cerca de 60% da população mundial: China (1,3 bilhão), Índia (1,1), Estados Unidos (0,3), Indonésia (0,23), Brasil (0,19), Paquistão (0,16), Bangladesh (0,15), Rússia (0,14), Nigéria (0,14) e Japão (012).

Estimativas indicam que em 2050 esse *ranking* sofreria importantes mudanças. A Índia passaria a ser a mais populosa (1,6), seguida da China (1,4), Estados Unidos (0,4), Indonésia (0,3), Paquistão (0,29), Nigéria (0,29), Bangladesh (0,26), Brasil (0,25), República Democrática do Congo (0,19) e Etiópia (0,18). Como se pode perceber, não só ocorreram mudanças de posição no *ranking* entre países presentes nessas duas datas, como

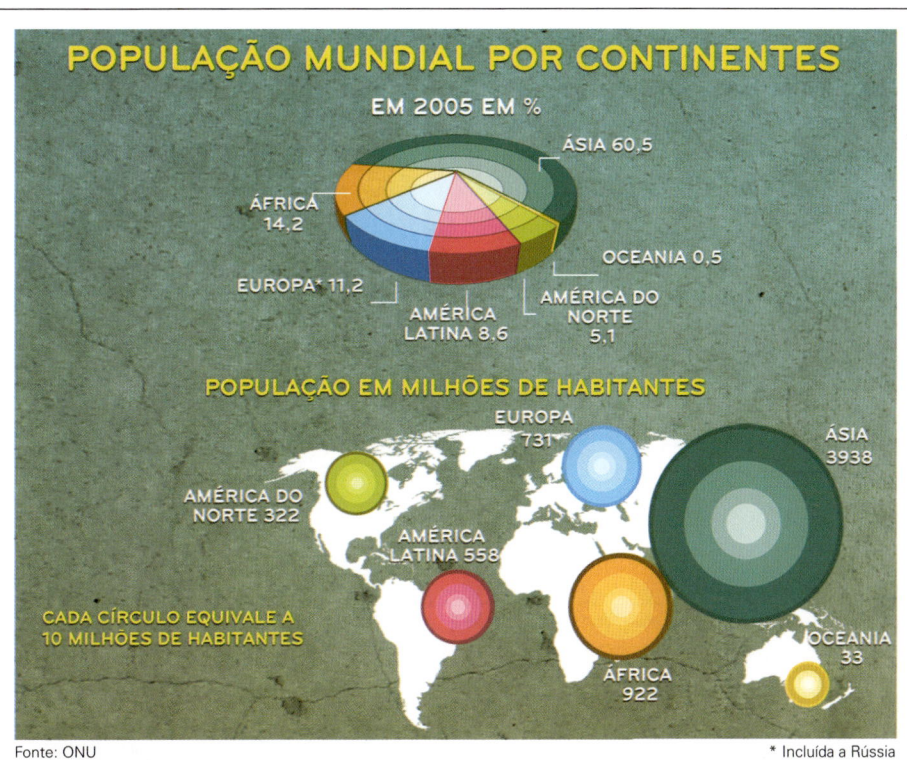

Mundo contemporâneo

POPULAÇÃO MUNDIAL POR CONTINENTES
EM 2005 EM %

- ÁSIA 60,5
- ÁFRICA 14,2
- EUROPA* 11,2
- AMÉRICA LATINA 8,6
- AMÉRICA DO NORTE 5,1
- OCEANIA 0,5

POPULAÇÃO EM MILHÕES DE HABITANTES

- EUROPA 731
- ÁSIA 3938
- AMÉRICA DO NORTE 322
- AMÉRICA LATINA 558
- ÁFRICA 922
- OCEANIA 33

CADA CÍRCULO EQUIVALE A 10 MILHÕES DE HABITANTES

Fonte: ONU   * Incluída a Rússia

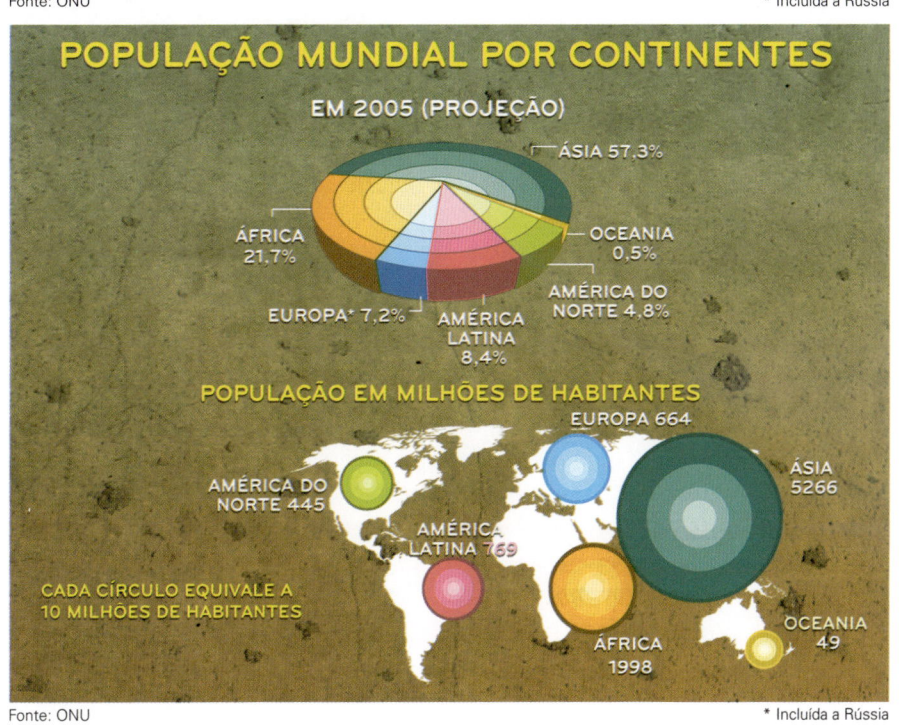

POPULAÇÃO MUNDIAL POR CONTINENTES
EM 2005 (PROJEÇÃO)

- ÁSIA 57,3%
- ÁFRICA 21,7%
- EUROPA* 7,2%
- AMÉRICA LATINA 8,4%
- AMÉRICA DO NORTE 4,8%
- OCEANIA 0,5%

POPULAÇÃO EM MILHÕES DE HABITANTES

- EUROPA 664
- ÁSIA 5266
- AMÉRICA DO NORTE 445
- AMÉRICA LATINA 769
- ÁFRICA 1998
- OCEANIA 49

CADA CÍRCULO EQUIVALE A 10 MILHÕES DE HABITANTES

Fonte: ONU   * Incluída a Rússia

Questões e visões do mundo atual

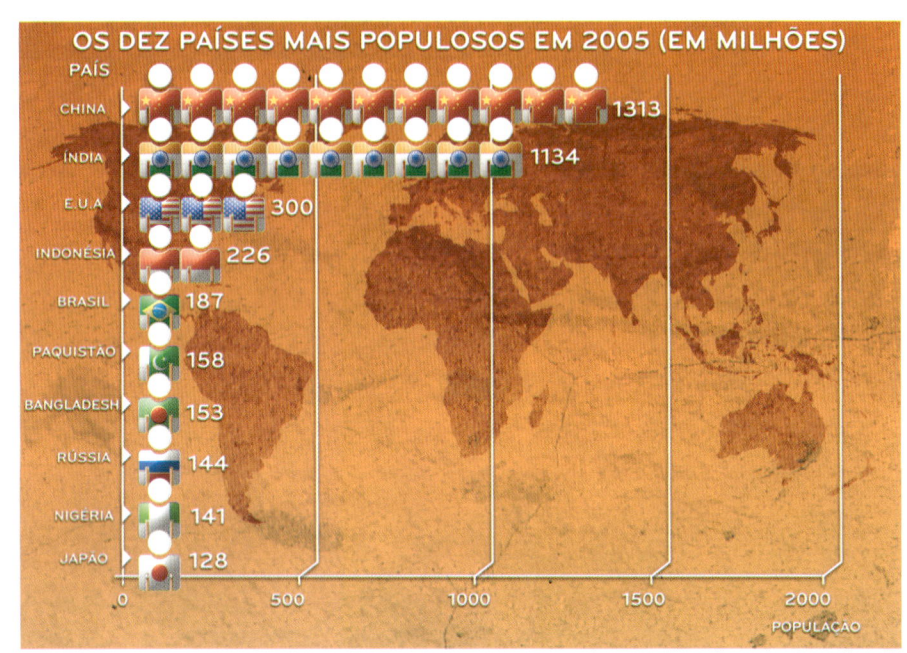

OS DEZ PAÍSES MAIS POPULOSOS EM 2005 (EM MILHÕES)

PAÍS	POPULAÇÃO
CHINA	1313
ÍNDIA	1134
E.U.A	300
INDONÉSIA	226
BRASIL	187
PAQUISTÃO	158
BANGLADESH	153
RÚSSIA	144
NIGÉRIA	141
JAPÃO	128

Fonte: ONU.

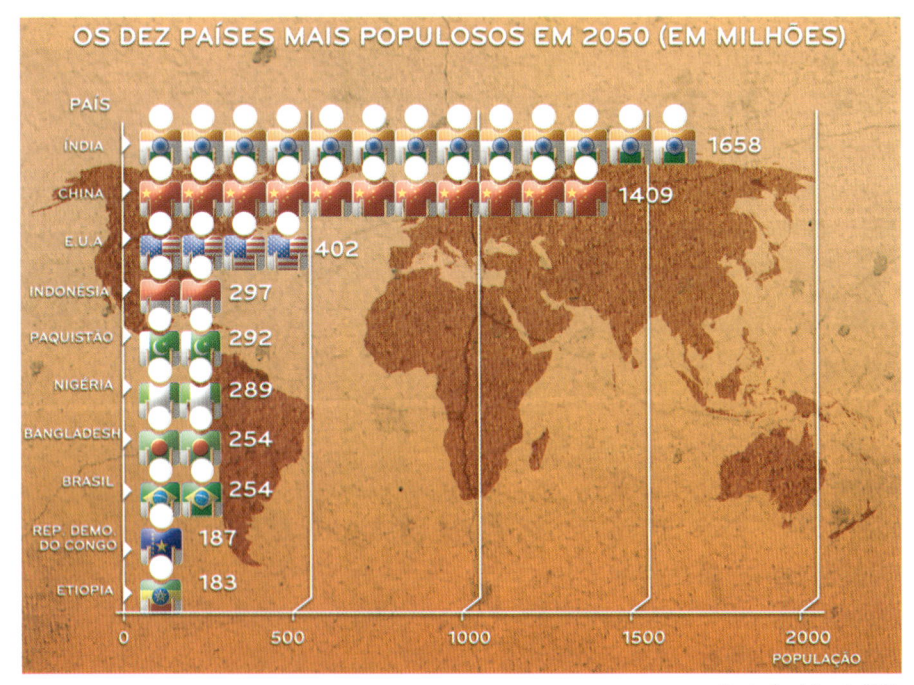

OS DEZ PAÍSES MAIS POPULOSOS EM 2050 (EM MILHÕES)

PAÍS	POPULAÇÃO
ÍNDIA	1658
CHINA	1409
E.U.A	402
INDONÉSIA	297
PAQUISTÃO	292
NIGÉRIA	289
BANGLADESH	254
BRASIL	254
REP. DEMO. DO CONGO	187
ETIÓPIA	183

Fonte: Previsões da ONU.

também dois deles saíram da lista (Japão e Rússia) e dois países africanos (República Democrática do Congo e Etiópia) entraram para o grupo dos "dez mais".

Essas mudanças são explicadas por razões de cunho geral e por condições específicas dos países. Há nações que já superaram a fase da transição demográfica há um tempo considerável, e em outras essa transição só será concluída nas próximas décadas.

Há países cujas políticas têm sido nitidamente antinatalistas, como é o caso da China (política do filho único), e outros onde há total liberdade, como na Índia. Surpreende também o fato de os Estados Unidos permanecerem com sua posição inalterada, o que é explicado fundamentalmente pela imigração e pelas altas taxas de natalidade dos imigrantes, especialmente no que se refere ao grupo hispânico.

Um 1º de maio diferente

Como se sabe, no 1º de maio comemora-se o Dia Internacional do Trabalho. Nesse dia, na cidade de Chicago (EUA), no longínquo 1886, grevistas que reivindicavam a redução da jornada de trabalho de treze para oito horas entraram em choque com a polícia. No embate, morreram vários grevistas e policiais, e em seguida vários líderes grevistas foram encarcerados, julgados e condenados à morte.

Três anos mais tarde, socialistas reunidos em Paris fundaram a II Internacional e aprovaram a resolução de consagrar o 1º de maio como o dia internacional dos trabalhadores, em memória aos companheiros mortos em Chicago.

Nem todos os países comemoram o Dia do Trabalho no dia 1º de maio. Um caso particular é o da Austrália, que o comemora em diferentes datas, dependendo da região do país. E nos Estados Unidos esse dia é comemorado sempre na primeira segunda-feira de setembro!

Todavia, o 1º de maio de 2006 nos Estados Unidos foi diferente. Ocorreram manifestações em várias partes do país, em um evento que ficou conhecido como "um dia sem imigrantes". Nesse dia, parcela considerável da minoria hispânica, cerca de 14% da população do país, não foi trabalhar e se dispôs a não comprar produtos norte-americanos. De certa forma, mostraram que sua ausência num dia causava enormes transtornos. Em suma, sua ausência seria bem mais notada que sua presença.

Esse tipo de ação teve como referência a obra cinematográfica *Um dia sem mexicanos* do diretor Sergio Arau, na qual todos os latinos que viviam na Califórnia misteriosamente desaparecem, causando uma enorme confusão por conta da falta de trabalhadores. O evento foi também uma espécie de coroamento das grandes manifestações que ocorreram em várias grandes cidades em abril, cujo objetivo era repudiar as leis que pretendem criminalizar os imigrantes ilegais que vivem nos Estados Unidos.

É provável que a principal herança do debate sobre as leis de reforma da imigração não vá ser nenhuma lei, mas sim essas grandes manifestações realizadas em cidades por todo o país. Foram protestos de massa levados a cabo por uma minoria cuja ambição política está finalmente condizendo com seu tamanho crescente.

Os hispânicos estão chegando aos Estados Unidos há muitos anos, e em quantidades cada vez maiores. Hoje eles formam a maior minoria norte-americana, com um contingente de cerca de 41 milhões de pessoas. Entre 2000 e 2005, esse grupo foi responsável por quase metade do incremento demográfico verificado no país. Os dados indicam que o número de imigrantes nascidos no México já é inferior ao de descendentes de mexicanos nascidos nos Estados Unidos.

A maioria dos imigrantes é composta de jovens originários de 22 países. Cerca de 65% são oriundos do México, 10% são da América do Sul, 9% salvadorenhos, 6% de origem cubana, dominicana ou guatemalteca. Entre os sul-americanos, mais ou menos metade seriam colombianos e aproximadamente 25%, brasileiros.

Cerca de 40% dos hispânicos vivem em Los Angeles, Nova York e Miami. Se acrescentarmos a eles os que vivem em São Francisco, San José e Chicago, chegaremos quase à metade do contingente total desse grupo radicado nos Estados Unidos.

Dez estados norte-americanos de grande importância (com mais de 200 dos 270 votos do colégio eleitoral que elege o presidente do país) concentram mais de 85% da população hispânica, como são os casos da Califórnia, Arizona, Novo México, Colorado, Nova York, New Jersey e Flórida.

Todavia, a importância dos hispânicos na política nacional tem sido bem menor que seu peso demográfico. Recentemente, cerca de meio milhão de hispânicos e simpatizantes tomaram as ruas de Los Angeles (Califórnia), outro meio milhão espalhou-se por Dallas (Texas) e centenas de milhares por todo o país, mesmo sem documentos, abdicando de seu anonimato para denunciar uma legislação que ameaça seus interesses. Ainda mais significativo foi o fato de que cidadãos hispânicos legalizados tenham se juntado a eles.

A polêmica sobre as leis de imigração está mais ligada à cultura e ao medo do que a aspectos de caráter econômico. Os imigrantes quer pretendam ficar em caráter permanente, quer desejem apenas trabalhar de forma temporária, estão aprendendo inglês, mas não deixam de usar o espanhol. Assim, já é uma realidade que os Estados Unidos possuem uma segunda língua. Além disso, fala-se o *spanglish*, mistura do inglês e espanhol, mais ou menos como o nosso "portunhol".

Tudo isso vem criando certa paranoia em muita gente, já que parte dos brancos não hispânicos, que se identificam como "autênticos" norte-americanos, consideram que os hispânicos seriam responsáveis pela gradual erosão dos "verdadeiros valores da América".

Estimativas apontam que em 2050 cerca de 25% da população norte-americana, isto é, aproximadamente 102 milhões de pessoas, será de origem hispânica e essa latinização do país será mais intensa na porção sul do país, antigo território mexicano, cuja perda nunca foi totalmente absorvida. Seria uma retomada silenciosa de territórios mexicanos perdidos no século XIX?

Escassez do "ouro azul" acirra tensões políticas

Entre os graves problemas ambientais do século XXI, destacam-se a questão do aquecimento global e a escassez de água. Cerca de 75% da superfície do planeta está recoberta por massas líquidas, mas a água doce representa apenas 2,5% desse total. Além disso, crucialmente, só uma minúscula parcela (cerca de 1%) dessa água doce presente nos rios, lagos, aquíferos e atmosfera é acessível ao homem. O restante do "estoque" está imobilizado nas geleiras, calotas polares e lençóis subterrâneos profundos.

A água potável é um recurso finito, que se reparte desigualmente pela superfície terrestre. Por seu ciclo natural, a água é um recurso renovável, mas suas reservas não são ilimitadas. Especialistas têm alertado que, se o consumo continuar crescendo como nas últimas décadas, todas as águas superficiais do planeta estarão comprometidas em 2100. É um prazo longo para a política internacional, mas curto na escala da história.

No século XX, a população mundial foi multiplicada por três, as superfícies irrigadas por seis e o consumo global de água por sete. Nas últimas cinco décadas a poluição dos mananciais reduziu dramaticamente as reservas hídricas em um terço. Atualmente, cerca de 50% das terras emersas já enfrentam um estado de penúria em água. Pelo menos um quinto da humanidade não tem acesso a água de boa qualidade para consumo, e cerca de metade dos habitantes do planeta não dispõe de uma rede de abastecimento satisfatória.

A carência de água é resultado da combinação de fatores naturais, demográficos, socioeconômicos e até culturais. Os estoques de água potável hoje disponíveis para o uso humano dariam para sustentar muito bem pelo menos o dobro da população atual. A questão, com implicações geopolíticas variadas, é que os recursos hídricos não se distribuem equitativamente pela superfície da Terra.

Nas áreas desérticas e semiáridas, como a África do Norte e o Oriente Médio, as chuvas são inexistentes, escassas ou irregulares. Juntando-se a esse fator um alto crescimento demográfico, poluição de mananciais, má utilização dos recursos hídricos e desperdício, surge o "estresse hídrico", situação em que os habitantes de determinada área consomem em média menos de 2 mil litros de água por ano.

Mundo contemporâneo

A escassez de água tem criado tensões e conflitos entre países que disputam o controle e o uso de fontes de águas superficiais, especialmente rios, quando estes atravessam territórios de duas ou mais nações. As tensas relações entre palestinos e israelenses, no vale do Rio Jordão, ou entre Síria, Iraque e Turquia, nos vales dos rios Tigre e Eufrates, ilustram essas situações denominadas hidroconflitivas.

Das 260 bacias hidrográficas consideradas internacionais, 75% possuem áreas compartilhadas por dois países e as restantes por grupos de três ou mais países. Como não existe uma legislação internacional suficientemente clara a respeito, são raros os casos em que países estabelecem acordos de utilização comum dos recursos hídricos. Por isso podem ser identificadas atualmente dezenas de áreas com situações reais ou potencialmente hidroconflitivas.

Vários índices podem ser empregados para se fazerem análises de oferta de água e disponibilidade dos recursos hídricos superficiais. Um dos que permitem estabelecer interessantes conexões geográficas e geopolíticas chama-se "dependência de água". Esse índice indica a parcela de água renovável de um país, fundamentalmente de rios, vinda de fora de seu território.

De imediato, chega-se a uma série de conclusões inevitáveis.

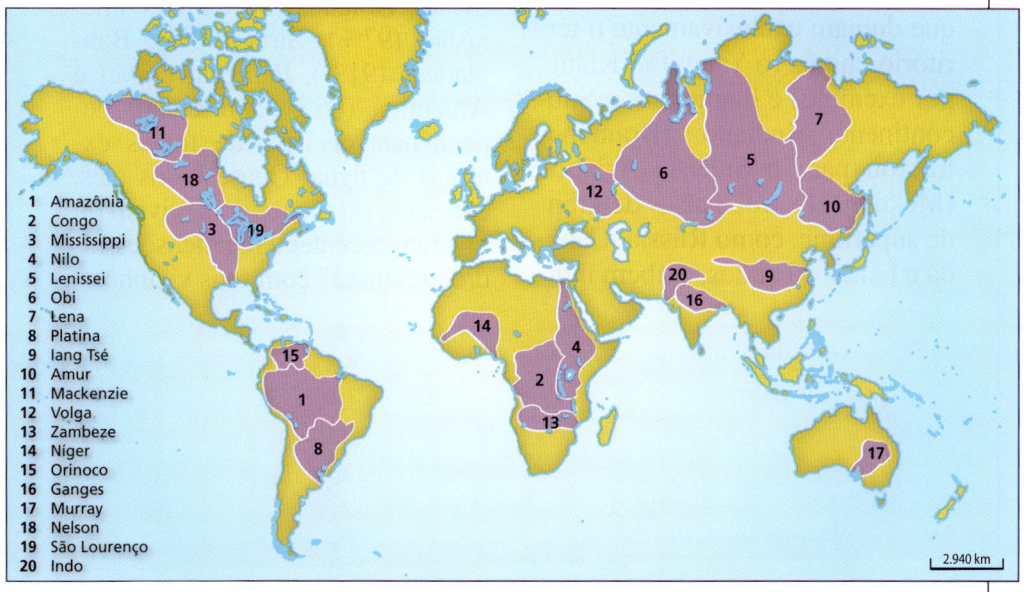

1 Amazônia
2 Congo
3 Mississippi
4 Nilo
5 Lenissei
6 Obi
7 Lena
8 Platina
9 Iang Tsé
10 Amur
11 Mackenzie
12 Volga
13 Zambeze
14 Níger
15 Orinoco
16 Ganges
17 Murray
18 Nelson
19 São Lourenço
20 Indo

Principais bacias hidrográficas do mundo (as 20 de maior superfície).

Os países localizados a montante controlam as nascentes e têm, em princípio, menor dependência de água do que os situados a jusante. Obviamente, países insulares pequenos como os do Caribe ou de extensão média e grande, como Madagascar ou a "ilha-continente" da Austrália, apresentam dependência hídrica igual a zero.

Alguns dos países mais extensos do mundo oferecem surpresas. O índice de dependência da China, apesar de seus graves problemas hídricos, é insignificante, de apenas 1%. Afinal, o planalto do Tibete não é estratégico apenas em virtude do separatismo tibetano: ele também constitui uma verdadeira "caixa-d'água" de rios que drenam exclusivamente o território chinês (o Yang-Tsé Kiang, por exemplo) e fluem para o Subcontinente Indiano (Bramaputra) ou para o Sudeste Asiático (Mekong). Outros países de grande superfície, como Rússia, Canadá e Estados Unidos, exibem índices de dependência pequenos, de 4%, 2% e 8%, respectivamente.

Não é o que acontece com o Brasil, que possui o maior estoque de recursos hídricos do mundo (cerca de 13%) e uma vasta e densa rede hidrográfica mas exibe índice de dependência de 34%. As nascentes e os altos e médios cursos dos rios da Bacia Platina situam-se em território brasileiro, bem como a totalidade das grandes bacias do São Francisco e do Tocantins-Araguaia. Contudo, parcela considerável da área da Bacia Amazônica, especialmente os altos vales do rio principal e muitos de seus caudalosos afluentes, situa-se fora do espaço nacional.

O índice brasileiro é alto, mas não muito. Egito (97%), Hungria (94%), Holanda (88%), Turcomenistão (97%), Síria (80%), Bangladesh (91%), Paraguai (72%) e Argentina (66%) apresentam dependência decisiva de fontes externas de água. Quase todos eles, em maior ou menor grau, vivem ou viveram recentemente "tensões hidroconflitivas" com seus vizinhos.

Mundo contemporâneo

Conflitos e tensões no Vale do Níger

Com cerca de 30,2 milhões de km², a África compreende 20,2% das terras emersas do planeta. Pela superfície que ocupam, destacam-se três grandes bacias hidrográficas: a do Congo, a do Nilo e a do Níger. O continente abriga nada menos que 53 países, cujas fronteiras foram traçadas pelas potências imperiais europeias. As três grandes bacias abrangem terras de muitos países, e suas águas são elementos do quadro geopolítico internacional.

A Bacia do Níger, com extensão superior a 1 milhão de km², abrange áreas de nove Estados africanos. Com nascentes nas terras úmidas e montanhosas da Guiné, o Níger corre inicialmente em direção nordeste, penetrando no Mali. No interior deste país, descreve uma ampla curva, como a fugir das terras desérticas do Saara, toma a direção sudeste e, depois de atravessar o território do Níger, cruza a Nigéria. Ao fim de seus mais de 4.100 quilômetros, o rio desemboca em um amplo delta. A região do delta, na Nigéria, ficou conhecida como "Rios do Óleo", pois no passado abrigava vastas plantações de palma da qual se extraía e exportava o óleo.

O Rio Níger atravessa variados domínios naturais. Em seu alto vale, o domínio é tipicamente tropical, com presença de savanas e manchas de florestas. No médio vale, no Mali e no Níger, o rio cruza o domínio semiárido do Sahel, onde a agricultura é dificultada pelas chuvas escassas e irregulares. A palavra Sahel, que em árabe significa margem ou borda do deserto, designa uma faixa imensa de terras que se estendem praticamente do Oceano Atlântico ao Mar Vermelho, em larguras variáveis entre 500 e 700 quilômetros.

No Sahel verificam-se dramáticas alternâncias entre anos de secas catastróficas e outros mais úmidos. Aos problemas de ordem climática associam-se formas predatórias de utilização do solo, decorrentes do uso de técnicas inadequadas e da pressão demográfica, causada por elevadas taxas de crescimento vegetativo. Nas últimas décadas, milhões de pessoas foram vitimadas pela fome na região. No baixo curso, já na Nigéria, o Rio Níger atravessa domínios cada vez mais úmidos, recobertos por savanas densas e florestas.

As tensões hidroconflitivas ao longo do vale do rio não constituem disputas entre países por recursos hídricos comuns, mas agravam conflitos internos, de ordem política e étnica. No Mali e no Níger, países muito pobres e sem saídas marítimas, há uma longa

Geopolíticas da água

história de conflitos entre grupos negro-africanos que vivem na região mais úmida do vale (o "Níger útil") e populações islamizadas que praticam o pastoreio nômade e seminômade nas áreas desérticas e do Sahel. Nas secas prolongadas, são constantes os choques pela disputa de terras e água.

As tensões étnicas mesclam-se com as disputas por recursos naturais. A população dos dois países é bastante heterogênea, com frequência ocorrem rebeliões e choques entre diferentes grupos. É o caso dos tuaregues, que nos dois países não só contestam a autoridade dos governos centrais como se recusam a reconhecer as fronteiras políticas herdadas da época colonial.

A Nigéria, país mais populoso da África, com quase 150 milhões de habitantes, está fragmentada em mais de 200 etnias. Três delas, que juntas representam mais de dois terços da população, têm maior importância política: os haussa-fulanis, os ibos e os iorubas. Em grande parte seguidores do islamismo, os haussa-fulanis são majoritários no centro-norte. Doze estados nigerianos dessa região adotaram a lei islâmica (*sharia*) e, por vezes, grupos fundamentalistas tentam impor a lei religiosa a minorias de outras crenças que ali vivem. No norte nigeriano, o progressivo avanço da desertificação acentua as tensões e as disputas pelo controle de fontes de água.

Os ibos, adeptos do cristianismo, são maioria no sul-sudeste. É ali que se encontram as mais importantes jazidas de petróleo, produto que responde por cerca de 80% das exportações do país. Os iorubas habitam principalmente a porção sul-sudoeste e apresentam certa diversidade religiosa, com a presença de muçulmanos, cristãos e populações seguidoras de cultos ancestrais. As lideranças das duas centenas de grupos étnicos minoritários oscilam, de acordo com as circunstâncias políticas, entre as três etnias mais numero-

A região da bacia do Níger

Mundo contemporâneo

Nigéria: grupos étnicos e recursos

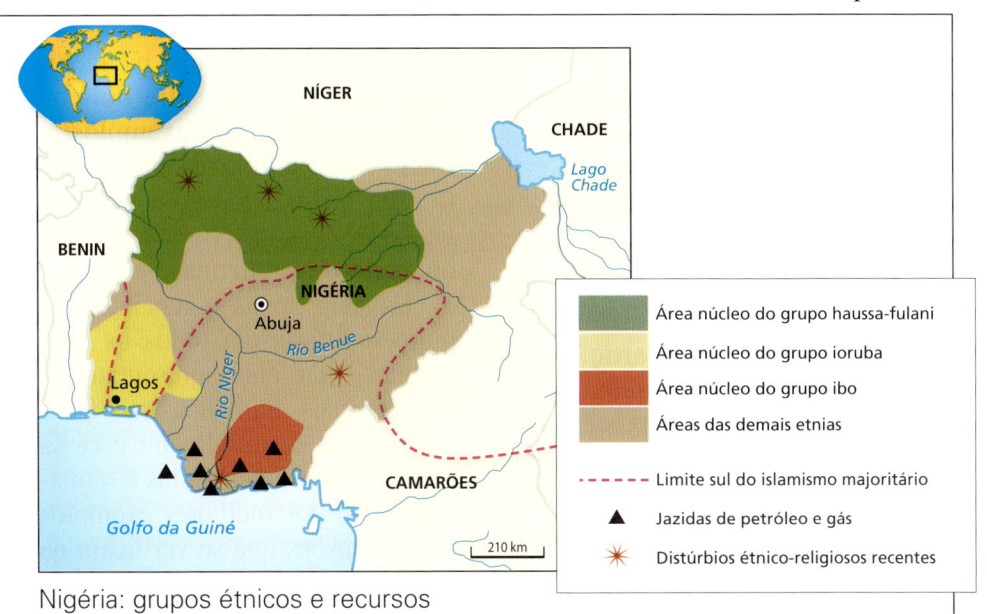

sas e aderem aos dirigentes de uma delas ou tentam tirar proveito das rivalidades crônicas entre elas.

As tensões étnicas empurraram a Nigéria, no final dos anos 1960, a um conflito separatista trágico. Na época, os cristãos ibos tentaram conquistar a independência da região em que são majoritários e proclamaram um novo país, ao qual deram o nome de Biafra. Depois de quatro anos de uma guerra civil sangrenta, que deixou 1,5 milhão de vítimas fatais, os separatistas foram derrotados em 1970.

Desde a Guerra de Biafra, a questão da unidade nacional atormenta a Nigéria. Para evitar a desintegração do país, o governo central promoveu a proliferação do número de estados, que passaram de quatro, em 1960, para os atuais 36. Na tentativa de acomodar as reivindicações étnicas, criou-se um sistema de ações afirmativas étnicas que beneficia as maiorias de cada estado e amplia o poder político das elites das diferentes etnias.

O imperativo da unidade determinou também a transferência da capital federal de Lagos para Abuja, em 1991. Lagos, com quase 8 milhões de habitantes, situa-se no litoral sudoeste, em área dominantemente ioruba. Abuja, com menos de 1 milhão de habitantes, está no centro do país, onde não predomina nenhum dos três maiores grupos étnicos. O milagre nigeriano, se existe um, é ter evitado a desintegração – ao menos até agora.

69

A questão hídrica na Mesopotâmia

A expressão geopolítica da água designa as rivalidades políticas sobre a repartição e a exploração dos recursos hídricos. Tais rivalidades existem não somente entre países cujos territórios são atravessados por um mesmo rio, mas também no interior de um mesmo Estado, gerando tensões entre regiões que buscam tirar proveito dos recursos das bacias hidrográficas mais ou menos próximas.

As "rivalidades hidráulicas" se exacerbaram pela combinação de uma série de fatores: expressivo incremento da população e das áreas irrigadas, grande desperdício de água, aumento da poluição dos mananciais. Contribuíram também os enormes avanços dos meios tecnológicos postos à disposição das sociedades pelas empresas de engenharia civil, que permitiram a realização de grandes obras, como barragens e canais, pelas quais se modificaram sensivelmente os cursos dos rios e seus débitos.

No mundo atual, 260 bacias hidrográficas são reconhecidas como internacionais. As águas de treze delas são utilizadas em conjunto por cinco ou mais países. Quase metade da população mundial vive em uma bacia hidrográfica dividida entre dois ou mais países. Alguns exemplos: a Bacia do Danúbio drena territórios de onze Estados, a do Nilo banha dez, as do Níger e Congo, onze, e a do Amazonas, sete.

Existem zonas potencialmente hidroconflitivas em todos os continentes, mas elas apresentam situações mais dramáticas nas áreas onde a água é naturalmente escassa – isto é, em regiões áridas e semiáridas. Um dos melhores exemplos são as tensões que se verificam na região da Mesopotâmia envolvendo as bacias dos rios Tigre e Eufrates, cujas águas são de grande interesse para Turquia, Síria e Iraque.

Os dois rios têm suas nascentes nas úmidas regiões montanhosas da Anatólia oriental, no sudeste da Turquia. O Tigre, ao deixar o território turco, atravessa o Iraque, enquanto o Eufrates cruza áreas do território sírio antes de drenar terras do Iraque. Pouco antes do estuário, no Golfo Pérsico, as águas dos dois rios se juntam formando o canal de Chatt-el-Arab.

O curso dos rios tem implicações geopolíticas. A Turquia, que exerce soberania sobre o alto vale dos dois rios, beneficia-se de uma situação hídrica muito mais favorável que a de seus vizinhos situados a jusante. Dados sobre determinados usos desses rios iluminam alguns aspectos das questões hídricas que envolvem os três países.

Mundo contemporâneo

A Turquia controla 98% do débito do Eufrates e 45% do débito do Tigre. Quanto à dependência de água, isto é, dos recursos hídricos gerados fora do país, os números indicam que a Síria possui um índice de 80%; o Iraque, de 53% e a Turquia, de apenas 1%. Em relação ao uso da água no setor agrícola a Síria, com 95%, e o Iraque, com 92%, colocam-se bem acima da média mundial, que é de 70%. Já a Turquia, com 74%, está próxima da média. A Síria é o país que mais usa água para produção hidrelétrica (41%), enquanto os números para a Turquia e Iraque são, respectivamente, 25% e 1%.

O Eufrates e seus afluentes são as principais fontes de água da Síria e neles está depositada a esperança do país de aumentar a produção de alimentos para sua crescente população. Mais de 80% da população do Iraque depende do uso da água dos dois rios. As reivindicações dos três países, praticamente incompatíveis, tornam-se mais complicadas em região de conflitos étnicos e reminiscências históricas.

As questões envolvendo a partilha das águas do Eufrates levaram sírios e iraquianos à mesa de negociações. Um acordo de 1990 dividiu o fluxo do Eufrates, destinando 53% aos iraquianos e 42% aos sírios, mas antes disso os dois países quase entraram em guerra pelo controle do recurso escasso. Entretanto, o fator que mais acirra essas disputas é o projeto turco de exploração econômica dos recursos hídricos regionais.

Nos anos 1970, o governo turco elaborou uma política hidráulica ambiciosa, denominada Projeto da Grande Anatólia (PGA). Iniciado em 1989 e com previsão de conclusão em

A questão da água na Mesopotâmia

2010, o PGA pretende mudar radicalmente a paisagem do sudeste da Turquia, incorporando ao país 1,7 milhão de hectares de terras irrigadas. São treze projetos integrados – seis sobre o rio Tigre e sete sobre o Eufrates, 22 reservatórios de água e dezenove centrais hidrelétricas. Para a Turquia, o PGA vai melhorar as condições de vida de cerca dos 5 milhões de habitantes que vivem naquela parte do país.

Apesar da importância econômica e social do PGA, não se deve perder de vista seu lugar nas estratégias geopolíticas internas da Turquia. A região onde está sendo implementado o projeto é, historicamente, a base territorial da minoria curda, sobre a qual se assentam correntes políticas separatistas. As obras do PGA, especialmente a construção de barragens, servem de justificativas oficiais para desalojar populações curdas de suas áreas tradicionais. Ao mesmo tempo, a melhoria da infraestrutura viária estimula as migrações de turcos étnicos para a região curda.

Na Turquia, como na Mesopotâmia em geral, os cursos d'água e as fronteiras políticas configuram linhas incongruentes. Nessa incongruência encontram-se as sementes de conflitos presentes e futuros.

Mundo contemporâneo

Entre os Estados Unidos e o Canadá

A cidade de Duluth, no estado de Minnesota (EUA), situa-se às margens do Lago Superior, a mais de 3.700 quilômetros do Oceano Atlântico. Um produto que saia dessa cidade pode chegar ao Brasil usando exclusivamente o navio como meio de transporte. Isso só é possível por causa da existência de um complexo sistema fluviolacustre formado pelos Grandes Lagos e pelo Rio São Lourenço.

Esse conjunto, espécie de litoral que penetra profundamente em território norte-americano e canadense, corresponde a parcela considerável da fronteira entre os Estados Unidos e o Canadá. Ele só passou a funcionar de forma efetiva em 1959, depois de serem construídas inúmeras comportas e eclusas que pudessem vencer os desníveis do terreno.

No entanto, os indígenas da região já usavam o São Lourenço antes da chegada do colonizador europeu. O primeiro europeu a percorrer suas águas foi o francês Jacques Cartier, que teve de deter suas embarcações nas proximidades da atual cidade canadense de Montreal por causa das perigosas corredeiras do rio.

A hidrovia do São Lourenço ligando os Grandes Lagos ao Atlântico foi sendo construída de forma gradativa desde o século XIX, e em um primeiro momento Estados Unidos e Canadá desenvolveram projetos paralelos de integração dessa via fluvial ao contexto de seus territórios. Só ao longo do século XX concretizou-se o projeto binacional de utilização conjunta desse importante eixo fluvial.

Por essa via escoam atualmente matérias-primas existentes na região, como ferro e carvão, produtos agrícolas das pradarias centrais norte-americanas e canadenses e produtos manufaturados produzidos pelos dois países. Por estar próxima das principais áreas urbano-industriais tanto do Canadá como dos Estados Unidos, ela constitui elemento de grande importância para o comércio dos dois países, concentrando, por exemplo, cerca de 60% do movimento de todos os demais portos marítimos norte-americanos.

Talvez o principal problema dessa via aquática seja de ordem climática, na medida em que durante os meses de dezembro e março a navegação fica impedida de se realizar em virtude do congelamento das águas, o que limita sua utilização em cerca de 250 dias por ano.

Geopolíticas da água

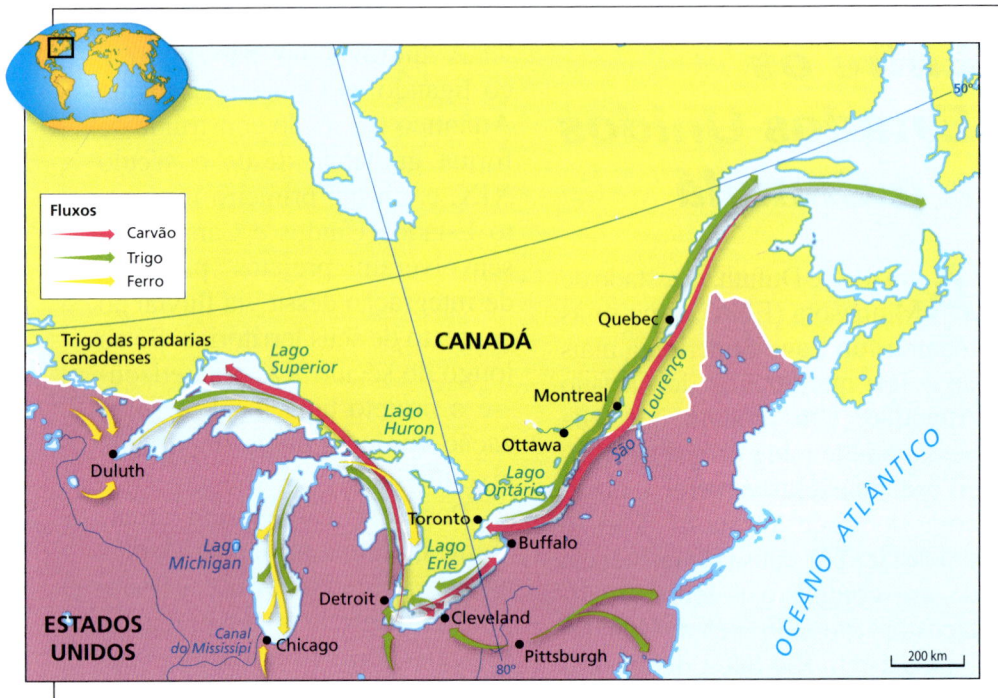

Fluxos
- Carvão
- Trigo
- Ferro

CORTE TRANSVERSAL DO CANAL DO SÃO LOURENÇO

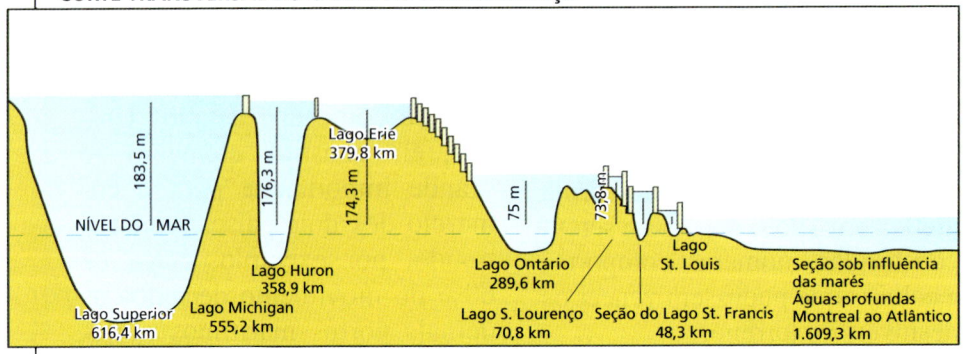

Via marítima do São Lourenço

Quebec e o Canadá

Ao longo dos 570 quilômetros do vale do São Lourenço foram forjadas a história e a geografia do Canadá e ali situam-se algumas das mais importantes cidades do país, como Montreal, Quebec, Otawa e Toronto.

O principal problema geopolítico que afeta o Canadá diz respeito às tentativas de separatismo por parte de uma de suas mais importantes regiões, a província de

Mundo contemporâneo

Quebec. Com quase 1,4 milhão de km² e 7,5 milhões de habitantes, Quebec representa 15% do território e cerca de 25% da população canadense. Cerca de 10% da área da província localiza-se junto ao vale do São Lourenço, onde estão suas principais cidades (Quebec e Montreal), enquanto o restante do território compreende o Escudo Canadense, formação de origem pré-cambriana, um verdadeiro baú de riquezas minerais do Canadá.

O que distingue Quebec das demais províncias do Canadá é que aproximadamente 80% de seus habitantes são de origem franco-canadense, isto é, falam o francês como língua principal e consideram-se descendentes dos colonos que fundaram a "Nova França" no século XVI.

Na verdade, a região foi colonizada inicialmente pela França, passando para o domínio da Inglaterra em 1763, logo após o fim

Canadá e província de Quebec

da Guerra dos Sete Anos. Os habitantes da região, conhecidos como *quebecois*, nunca aceitaram essa situação e promoveram inúmeras revoltas contra o domínio britânico. Durante sua longa dominação foram introduzidos em todo o Canadá colonos originários das Ilhas Britânicas, tornando minoritários os franco-canadenses, exceção feita à província de Quebec.

A independência do Canadá em relação à Grã-Bretanha não fez desaparecer as sementes do descontentamento e as ideias de separatismo de Quebec. Na raiz desses sentimentos estava um sistema que discriminava os franco-canadenses da província, já que os de origem britânica eram considerados de certa forma "superiores". Assim, até muito recentemente, 75% dos melhores empregos eram exercidos pelos cidadãos de origem britânica, enquanto os franco-canadenses (50% da força de trabalho) ocupavam 80% dos empregos mais mal remunerados. O desemprego era também maior que o registrado em outras províncias do país.

Esse contexto propiciou a formação em 1963 da Frente de Libertação de Quebec (FLQ), organização nacionalista radical que chegou a praticar atos terroristas no final dos anos 1960 e foi desmantelada em 1970.

Em 1969, o governo canadense decretou o Official Language Act, tornando o francês língua oficial, e assim o Canadá passou a ser um país bilíngue. Apesar das iniciativas do governo para amenizar a situação, o separatismo tem permanecido em alta, a ponto de, no último plebiscito realizado sobre a questão, por muito pouco os separatistas não conseguirem seu objetivo.

Uma eventual vitória dos separatistas colocaria inúmeras indagações, entre as quais: o novo Estado seria um integrante do Nafta? Como seriam as relações entre os Estados Unidos e o novo país? Ocorreriam outros movimentos separatistas no interior do Canadá? Qual seria o destino da minoria de origem britânica no Quebec? E as minorias franco-canadenses nas outras províncias?

Mundo contemporâneo

A saga do Rio Colorado

Em consequência do processo histórico de ocupação humana e da valorização econômica de seu território, que incluiu aquisição, conquista e anexação de terras de potências europeias, dos habitantes originais e do México, os Estados Unidos se tornaram o quarto país do mundo em extensão. Entre as vantagens naturais advindas desse vasto território, inclui-se um expressivo estoque de recursos hídricos.

Com cerca de 9,5 milhões de km², no território americano são encontradas algumas bacias hidrográficas, como a do Mississipi-Missouri e a do São Lourenço,

A bacia do Colorado

que estão entre as mais extensas do mundo. Se a Bacia do Mississipi é integralmente americana, outras são partilhadas com os países vizinhos – como é o caso das bacias do São Lourenço e do Colúmbia, com o Canadá, e dos rios Grande e Colorado, com o México.

Situada no sudoeste do país, a Bacia do Colorado abrange uma área de 632 mil km^2, superfície pouco maior que a da Região Sul do Brasil. As águas dos rios da bacia drenam áreas de sete estados americanos: Califórnia, Nevada, Colorado, Utah, Novo México, Wyoming e Arizona. Nos últimos 80 quilômetros de seu curso, o Colorado atravessa terras do México.

Denominado "Nilo americano", o Colorado tem suas nascentes nas Montanhas Rochosas, no estado que lhe dá o nome, apresenta direção geral nordeste-sudoeste e deságua no Golfo da Califórnia, após percorrer cerca de 2,3 mil quilômetros. Seu regime é pluvionival, e a maior parte da área da bacia apresenta a dominância de climas áridos e semiáridos, com chuvas escassas e irregulares, fato que não impediu a região de se tornar uma das mais ricas e dinâmicas do planeta.

Nas últimas décadas, os estados do sudoeste dos Estados Unidos, todos eles possuindo parte de seus territórios no interior da bacia, viram sua população crescer exponencialmente. Foi o caso da Califórnia, estado mais populoso do país, cujo contingente demográfico multiplicou-se quase cinco vezes no decorrer dos últimos sessenta anos. A população que vive na área da bacia, somada às que são abastecidas pelas águas do rio através de canais e aquedutos, como ocorre com as cidades de Los Angeles e San Diego, é estimada em mais de 30 milhões, ou cerca de 10% do total do país.

A questão do uso e exploração da água do Colorado suscitou, ao

EVOLUÇÃO DA POPULAÇÃO DOS ESTADOS DO SUDOESTE DOS EUA (MILHÕES)

ESTADOS DO SUDOESTE	1940	1970	2000
CALIFÓRNIA	7,00	20,00	34,00
NEVADA	0,10	0,49	1,80
COLORADO	0,22	0,33	4,30
UTAH	0,55	1,00	2,00
NOVO MÉXICO	0,55	1,30	1,74
ARIZONA	0,49	1,70	4,70

Fonte: Recenseamentos dos Estados Unidos.

longo do tempo, dois tipos de situações hidroconflitivas: a primeira, de caráter interno, entre os estados americanos drenados pelos rios da bacia; a segunda, entre os Estados Unidos e o México. No plano interno, pressões ligadas a interesses em usufruir os recursos hídricos por parte dos vários estados levaram, em 1922, a um plano de partilha das águas do rio que, em 1944, envolveu também o México. As demandas de água provocaram a construção de barragens e canais ao longo do curso do rio, que contribuíram para gerar riquezas, mas também levaram a um uso predatório dos recursos hídricos, tornando-os cada vez mais escassos.

O Projeto Big Thomson, no estado do Colorado, consistiu na construção de um canal subterrâneo de 3 mil metros de altura, destinado a irrigar as terras da região de Denver. No estado vizinho do Arizona, a barragem Glen Canyon criou o Lago Powell, um reservatório cujo volume de água representa dois anos do débito médio do rio.

Ainda no Arizona, a barragem Hoover gerou o Lago Mead, que alimenta o "delírio" aquático dos hotéis e das piscinas particulares da cidade-cassino de Las Vegas.

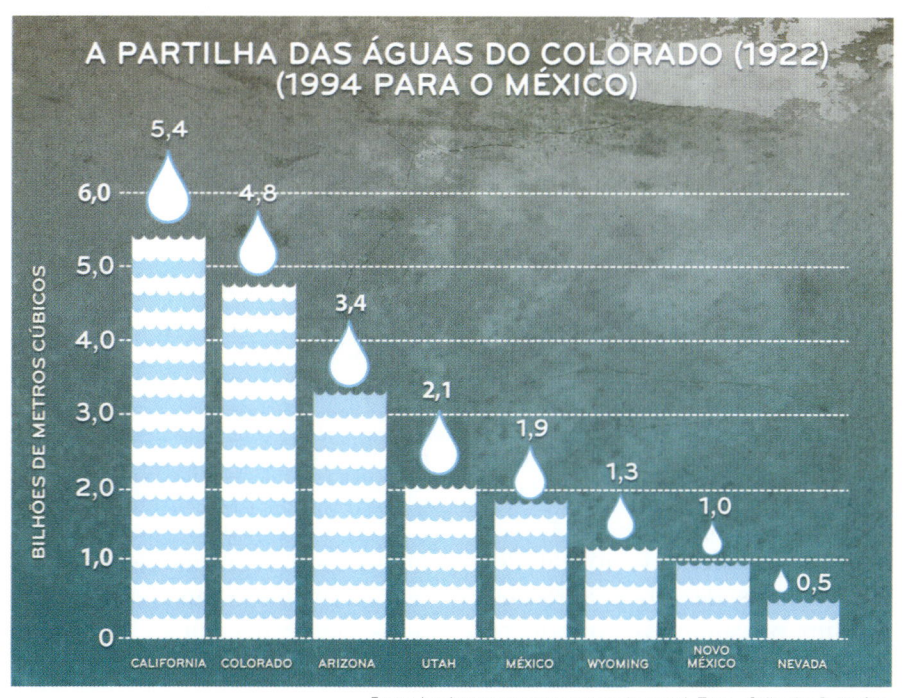

A PARTILHA DAS ÁGUAS DO COLORADO (1922) (1994 PARA O MÉXICO)

BILHÕES DE METROS CÚBICOS

- CALIFORNIA: 5,4
- COLORADO: 4,8
- ARIZONA: 3,4
- UTAH: 2,1
- MÉXICO: 1,9
- WYOMING: 1,3
- NOVO MÉXICO: 1,0
- NEVADA: 0,5

Fonte: *Les hommes occupent et aménagent la Terre* – Collection R. Knafou.

Geopolíticas da água

As águas do Colorado

Legenda do mapa:
- Barragem
- Canal ou aqueduto
- Grande zona irrigada
- Transferência efetiva de água
- Transferência possível
- ❶ Projeto Central do Arizona
- ❷ Aqueduto do Colorado
- ❸ Canal Coachella
- ❹ Canal All América

O Projeto Arizona Central, um aqueduto de 536 quilômetros, foi construído para irrigar o oásis da região de Phoenix e fornecer água potável para a cidade. Já o Aqueduto do Rio Colorado, com 387 quilômetros, serve as cidades de Palm Springs, Los Angeles e San Diego, além de irrigar 200 mil hectares de terras agrícolas. Por fim, os canais All American e Coachella foram edificados para alimentar o Vale Imperial, a maior superfície irrigada do país, onde se cultivam frutas, legumes, arroz e algodão.

A "sedenta" Califórnia não só consome as águas a ela destinadas pelos acordos de uso como também compra volumes crescentes de estados vizinhos que não usam integralmente suas cotas. Além disso, anseia por projetos de transposição de águas vindas de regiões e estados exteriores à bacia.

Mundo contemporâneo

Por muito tempo, os Estados Unidos usaram das águas do Colorado considerando exclusivamente uma perspectiva nacional e fingindo ignorar que a parte final do Colorado drena terras mexicanas. Só em 1944 o governo americano atendeu às constantes demandas do México, que "recebia" quantidades cada vez menores de água do rio. O acordo assegurou 1,8 milhão de km^3 de água por ano, mas não tocou no aspecto crucial da qualidade da água, que, ano após ano, ficava mais salgada e saturada de produtos químicos tóxicos decorrentes do intenso uso de fertilizantes e defensivos agrícolas a montante.

Em 1973, depois de anos de protestos, os Estados Unidos se responsabilizaram pela garantia da qualidade da água que chegava ao México, construindo uma usina de dessalinização na cidade de Yuma, junto à fronteira entre os dois países. Mais recentemente, um novo problema que afeta os vizinhos foi detectado: em virtude provavelmente de efeitos do aquecimento global, parte dos glaciares que alimentam o Colorado tem se reduzido bastante. Como o consumo e o desperdício continuam a crescer, não é difícil prever tempos difíceis para a região.

Discórdia e cooperação nas águas do Indostão

A fixação de povos nômades em regiões próximas de grandes rios remonta ao período Neolítico (6000-2500 a.C.). Nessas áreas surgiram as chamadas civilizações hidráulicas, cuja existência só pode ser entendida em função dos rios que as alimentavam. Entre as mais conhecidas estão as que se ergueram ao longo do vale do Rio Nilo e na Mesopotâmia, drenada pelos rios Tigre e Eufrates.

A civilização hindu também se desenvolveu nas proximidades de importantes cursos fluviais, como o Ganges, o Indo e o Bramaputra, principais rios que drenam o Subcontinente Indiano, ou Indostão. Junto às margens e deltas desses rios, ainda hoje são encontrados alguns dos maiores adensamentos de população rural, os "formigueiros humanos" da Ásia meridional. Tais áreas correspondem também a alguns dos principais bolsões de pobreza do mundo atual.

A base produtiva dessas regiões está assentada há séculos na agricultura, por meio de sistemas de cultivo intensivos que se caracterizam pela ampla utilização de mão de obra. A dinâmica climática dita o ritmo do trabalho agrícola. Durante o inverno existe pouca atividade, mas no verão toda a força de trabalho disponível é utilizada nas culturas agrícolas.

O Indostão compreende basicamente três países – Índia, Paquistão e Bangladesh –, que possuem uma população conjunta de aproximadamente 1,5 bilhão de pessoas, um pouco mais de um quinto do total mundial. Ainda dominantemente rural, a população do Subcontinente Indiano apresenta alto crescimento vegetativo. Com quase 1,2 bilhão de habitantes, a Índia é o segundo país mais populoso do mundo. Bangladesh e Paquistão possuem, cada um, mais de 150 milhões de habitantes.

Rios do subcontinente indiano

Mundo contemporâneo

Três grandes rios, o Ganges, o Indo e o Bramaputra, cortam a região e têm em comum o fato de serem rios internacionais – isto é, drenam o território de dois ou mais países. Cada um deles possui mais de 2.500 quilômetros de extensão, e seus regimes são pluvionivais, uma vez que suas nascentes se localizam no Himalaia, caso do Ganges, ou nos altos planaltos do Tibete chinês (Indo e Bramaputra). Na parte de jusante, esses rios recebem as diluvianas chuvas da monção de verão. A parcela de água renovável vinda de fora nos três países é bem diferente. Na Índia, esse índice é de 34%; no Paquistão, de 76% e, em Bangladesh, de 91%.

Por conta do traçado de fronteiras políticas surgido após a descolonização, e também por possuir uma superfície bem maior que a de seus vizinhos, o território da Índia é cortado pelos três rios. Já o Paquistão tem no Indo seu principal curso fluvial, enquanto Bangladesh controla o curso inferior dos rios Ganges e Bramaputra.

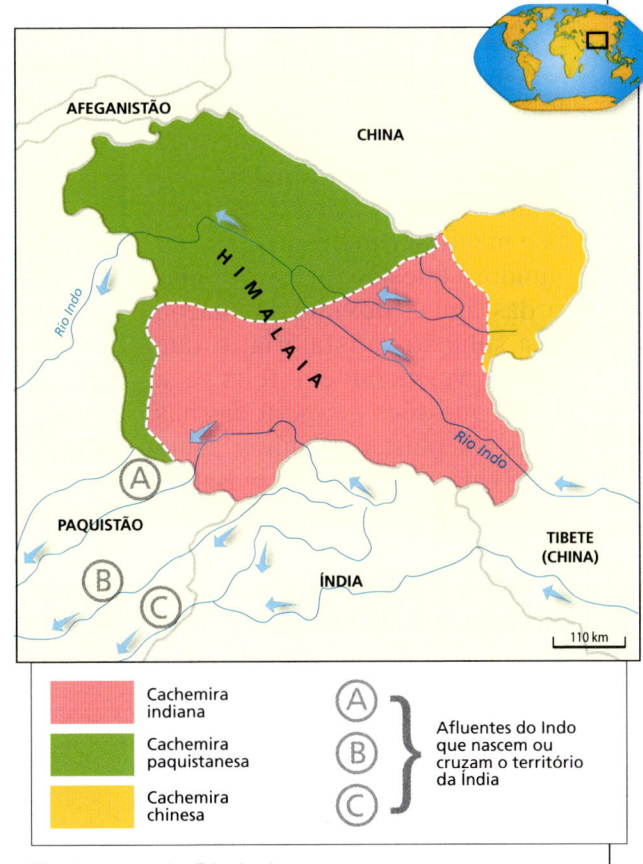

O alto vale do Rio Indo

As questões hidroconflitivas entre Índia e Paquistão concentram-se sobre a partilha das águas da bacia do Indo. Quando Índia e Paquistão se tornaram independentes, em 1947, a bacia fluvial foi dividida entre ambos. O Paquistão ficou com a maior parte dos canais e terras irrigadas que já eram utilizadas, e a Índia teve a vantagem de controlar as águas do Indo que fluem rumo ao país vizinho.

Geopolíticas da água

O Indo atravessa um trecho da Cachemira indiana, e alguns de seus afluentes da margem esquerda têm parte considerável de seus cursos em território indiano. Nessa região, considerada o maior perímetro irrigado do mundo, a questão do uso conjunto das águas fluviais encontrou uma solução satisfatória, o que não se verificou em relação a outras questões geopolíticas nas quais os países vizinhos estão envolvidos. Em 1960, o Banco Mundial intermediou um tratado repartindo os recursos hídricos do Indo entre os dois países. Assim, afluentes da margem direita ficaram sob o controle da Índia, enquanto o próprio Indo e seus afluentes da margem esquerda ficaram para o uso do Paquistão.

Já a utilização das águas do Ganges e do Bramaputra gera tensões entre Índia e Bangladesh. O primeiro, um rio sagrado para o hinduísmo, corre quase integralmente no território da Índia. Em seu percurso, o Ganges afeta a vida de pelo menos meio bilhão de pessoas, que dependem dessas águas para sua subsistência. A Índia não exerce soberania sobre o curso inferior dos dois rios, que após se juntarem formam um grande delta. É sobre esse delta que está parte considerável do território de Bangladesh.

Os vales do Ganges e do Bramaputra estão sujeitos a constantes inundações. Bangladesh, um dos países mais pobres do mundo, é especialmente vulnerável às inundações, algumas delas catastróficas. Na grande cheia de 1988, que fez cerca de 300 mil vítimas, mais da metade do país ficou submersa. O controle das águas dos dois rios tem sido motivo de atritos, que incidem sobre a construção de barragens e a partilha das águas.

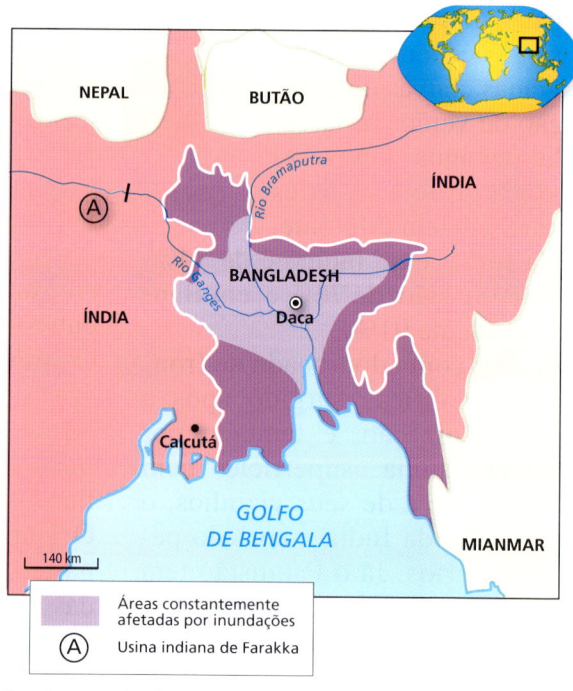

As águas de Bangladesh

No caso do Ganges, as discórdias estão focadas na barragem indiana de Farakka, concluída em 1974, cujo objetivo era reter a maior quantidade de água possível para o uso da Índia. Em 1997, depois de décadas de tentativas infrutíferas, chegou-se a um acordo para o uso compartilhado das águas. Pelo tratado, fica garantida a Bangladesh uma quantidade mínima de água durante o período mais crítico da monção de inverno, entre os meses de março e maio. É surpreendente que o Subcontinente Indiano, uma região marcada por conflitos entre países e no interior de cada um deles, tenha encontrado soluções de uso compartilhado das águas, fonte essencial para a vida de mais de um bilhão de seres humanos.

Geopolíticas da água

A lenta agonia do Lago Chade

A Geografia define lago como "uma porção de água cercada de terra por todos os lados". Por conta da dimensão, ou apenas por tradição, muitos dos lagos existentes no interior de continentes são definidos como mares, a exemplo do que acontece com os mares Morto, Cáspio e Aral. Todos esses mares (ou lagos) têm algumas características comuns: uma delas é que suas margens são compartilhadas por mais de um país. A orla do Mar Morto é compartilhada pela Jordânia e por Israel; o Irã, a Rússia, o Casaquistão, o Azerbaijão e o Turcomenistão têm litorais junto ao Mar Cáspio; o Mar de Aral situa-se entre o Casaquistão e o Uzbequistão.

Todos eles também são alimentados por rios de expressiva importância local ou regional: o Rio Jordão deságua no Mar

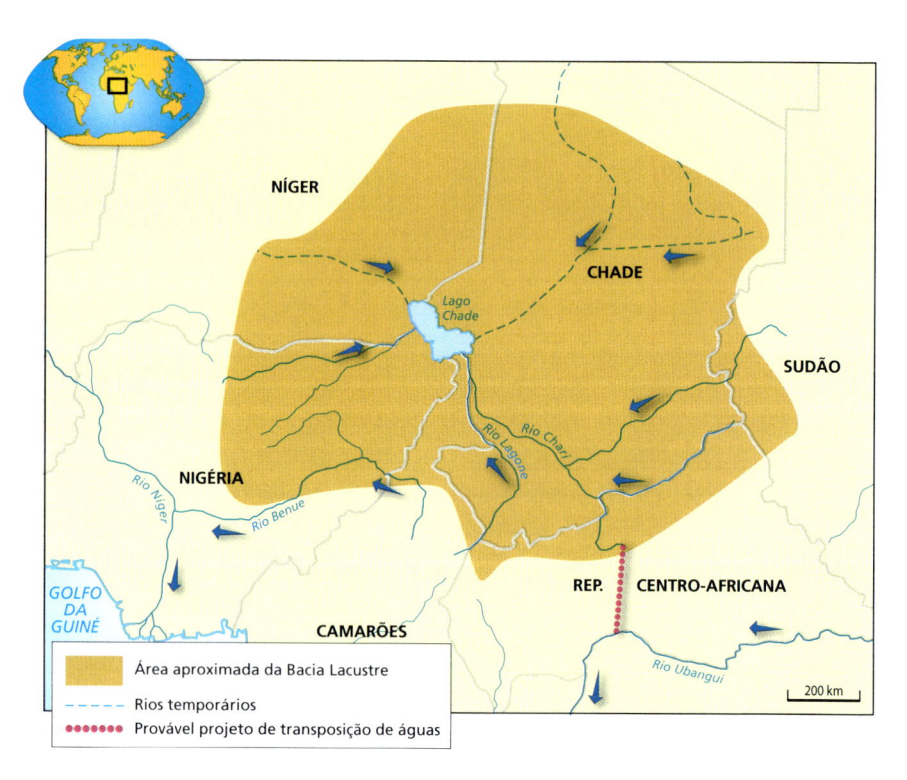

A bacia do Lago Chade

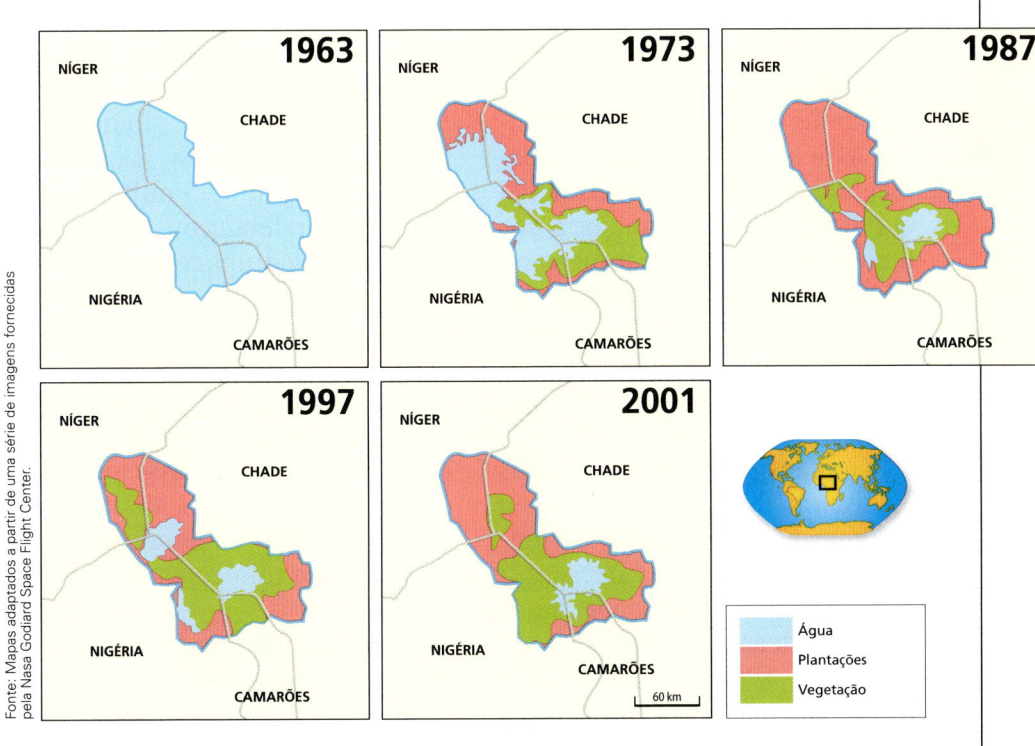

Mundo contemporâneo

O ressecamento do Lago Chade

Fonte: Mapas adaptados a partir de uma série de imagens fornecidas pela Nasa Godiard Space Flight Center.

Morto, o Volga no Mar Cáspio e o Amu Daria e o Sir Daria no Mar de Aral. A forma predatória como têm sido utilizadas as águas desses rios provoca enormes danos ambientais e sociais. O caso mais dramático é o do Mar de Aral, cujo volume e área reduziram-se a ponto de ocorrer a sua divisão em dois corpos de água distintos.

No interior do continente africano, todas as superfícies líquidas que não possuem ligações com o oceano recebem a denominação de lagos, apesar de alguns deles serem relativamente extensos, como são os casos dos lagos Victória, Niassa, Tanganica e Chade.

O Lago Chade está situado na borda meridional do Saara, local para onde convergem as fronteiras de quatro países: Níger, Chade, Nigéria e Camarões. É um lago de água doce, com profundidades inferiores a 7 metros.

Cerca de 90% das águas que o abastecem vêm do Rio Chari e de seu afluente Logone, cujas nascentes situam-se nas regiões montanhosas da República Centro-Africana. Assim, é fundamentalmente da parte meridional que o lago recebe a maioria dos fluxos hídricos que o alimentam, já que a parte norte, situada nas áreas semiáridas do Sahel, contribui apenas com volumes pouco expressivos de água, originária de rios temporários.

Grandes variações sazonais do volume de água em lagos são fenômenos comuns, mas ao longo das quatro últimas décadas a extensão do Lago Chade diminuiu drasticamente. No início da década de 1960, sua área era de aproximadamente 25 mil km^2, superfície que se reduziu para 4 mil km^2 em 2001. Atualmente sua extensão não ultrapassa 1,5 mil km^2. Hoje, o antigo grande lago não é senão um pântano coberto parcialmente por vegetação.

A persistente "sangria hídrica" da superfície lacustre é resultado de secas recorrentes, dramáticas, que afetaram especialmente a borda setentrional do lago, onde os agricultores tradicionalmente cultivam os solos úmidos quando do recuo das águas, durante a estação seca. Nas últimas décadas, as chuvas na região diminuíram em cerca de 40%.

Mas o desastre ecológico é também consequência das práticas agrícolas e pastoris da população que vive no entorno do lago. Nos últimos cinquenta anos, essa população mais que dobrou, atingindo 25 milhões de pessoas. Paralelamente, o uso da irrigação quadruplicou nos últimos 25 anos, para responder às necessidades alimentares de um efetivo demográfico cada vez mais numeroso. Além disso, foram desenvolvidos pelos países ribeirinhos outros projetos hidráulicos nos rios que abastecem o lago, com vistas a aumentar a produção de alimentos e produzir energia.

Apoiando-se em imagens de satélite e dados climáticos, pesquisadores americanos analisaram o processo e compararam o peso dos fatores naturais e humanos causadores do ressecamento do lago. Concluíram então que, entre 1966 e 1975, as condições climáticas desfavoráveis (irregularidade e ausência de chuvas) foram responsáveis por 95% da retração da superfície do lago, que perdeu cerca de 30% de sua superfície líquida no período. Contudo, entre 1983 e 1994, o aumento das áreas irrigadas provocou o recuo da superfície do lago em 50% de sua extensão original. Desde então, estabeleceu-se um ciclo vicioso: a degradação do meio natural reforça os obstáculos ao desenvolvimento e a pobreza faz crescer a pressão sobre os recursos hídricos, com efeitos desastrosos.

Como reverter essa tendência? Reunidos desde 1964 na Comissão da Bacia do Lago Chade, os países ribeirinhos tentaram levar adiante uma gestão integrada dos recursos hídricos. Em 1994, a República Centro-Africana foi convidada a participar do grupo, já que rios que deságuam no lago têm suas nascentes no país. Em 2000, definiu-se que o Lago Chade deveria ser considerado uma zona úmida de importância internacional.

Um pouco mais tarde, negociou-se um projeto de grandes dimensões destinado a possibilitar o desvio de parte das águas de um afluente do Rio Ubangui, importante curso fluvial da República Centro-Africana. De acordo com o projeto, essas águas seriam transferidas para um afluente do Rio Chari, através de um canal de cerca de 300 quilômetros, desaguando finalmente no Lago Chade. Contudo, a conclusão do acordo ainda depende da anuência dos dois Congos (República do Congo e República Democrática do Congo), países que não possuem terras banhadas pelo lago mas serão afetados pela transposição das águas.

Se tudo der certo, o Lago Chade será salvo. Nessa hipótese, ele se converterá num polo de cooperação regional. Caso contrário, estará destinado a figurar como uma fonte de tensões e conflitos inscrita em região assolada pela miséria.

Pelos caminhos do mundo

No país das mil ilhas, o reencontro com as origens

Foi uma viagem sentimental. Meus pais nasceram em uma das ilhas do litoral do Adriático pertencentes atualmente à Croácia. Minha mãe migrou com toda a sua família para o Brasil em 1925, quando tinha 5 anos de idade. Em 1935, quando chegou sozinho ao Brasil, meu pai tinha 23 anos. Eles só vieram se conhecer em solo brasileiro e depois de algum tempo de namoro casaram-se em 1941. Com o tempo ambos passaram a amar a terra que os acolheu e onde viram nascer seus três filhos. Mas meu pai, por ter vivido a infância e a adolescência em sua terra natal, sempre desejou rever seus familiares, mas não conseguiu realizar seu sonho. Nessa viagem pretendi ser os "olhos" de meu pai em sua terra natal.

Localizada no sudeste da Europa, a Croácia é um país jovem. Surgiu em 1991 em decorrência da desintegração da antiga Iugoslávia. Com 56,5 mil km² de extensão, tem uma população de aproximadamente 4,5 milhões de habitantes.

O território croata possui três áreas geográficas distintas. Ao norte está a planície da Panônia, onde se situa Zagreb, a capital. Cobrindo cerca de metade do território nacional, ela abriga aproximadamente dois terços da população do país.

A segunda região acompanha a costa do Adriático e divide-se em duas áreas. Ao norte, junto à

Croácia: um país balcânico

Mundo contemporâneo

Eslovênia, está a Península da Ístria. Mais para o sul está a costa da Dalmácia e suas 1.185 ilhas. A costa, basicamente calcária, apoia-se sobre os Alpes Dináricos, prolongamento balcânico da Cadeia dos Alpes. Com características climáticas mediterrâneas, a Dalmácia concentra quase um terço da população croata.

A terceira região do país situa-se entre as duas precedentes e é constituída por dobramentos dináricos, intercalados por platôs de rochas calcárias. A população é pouco numerosa, em grande parte rural.

Nossa viagem começou por Zagreb, cidade de quase 700 mil habitantes que durante o século XIX se tornou a capital intelectual e política do movimento nacional croata. O que chama a atenção na arquitetura daquela cidade é a mistura de estilos. De um lado, os blocos de prédios no mais puro estilo socialista e, de outro, especialmente na parte central, as construções que datam da época em que o país fazia parte do Império Austro-Húngaro. Os habitantes locais se orgulham de sua história ligada à monarquia dos Habsburgos.

De Zagreb, seguimos para o litoral por uma moderna autoestrada que atravessa a região dos Alpes Dináricos. Na região litorânea da Dalmácia descortinam-se paisagens belíssimas que têm como pano de fundo um mar azul-turquesa de águas límpidas. É nesse litoral que se encontra Split, a segunda maior cidade croata, onde está o palácio do imperador romano Diocleciano, construção tombada como patrimônio histórico da humanidade.

Há por toda a costa do Adriático vestígios de palácios, templos, anfiteatros e cidades fortificadas construídas durante a longa dominação de Veneza. Uma curiosidade é que muitas das cidades e ilhas da região têm nomes croatas mas ainda mantêm lembranças de seus nomes latinos; Split já foi Spalato e Dubrovnik já foi Ragusa.

No caminho de Split a Dubrovnik, a estrada atravessa 8 quilômetros da Bósnia, passando pelo porto de Neum. Em Neum deparamos com um destacamento de soldados espanhóis a serviço da ONU que voltavam de seu "estágio" na cidade de Mostar, atuando como força de interposição entre croatas e muçulmanos naquela cidade da Bósnia. Apesar de a guerra ter terminado há dez anos, forças internacionais ainda estão presentes ali.

Dubrovnik, a "pérola do Adriático", é patrimônio histórico da humanidade. A parte velha da cidade é cercada por uma muralha que a tem defendido dos invasores por séculos. Todavia, entre outubro de 1991 e maio de 1992, a cidade foi intensamente bombardeada por forças federais da antiga Iugoslávia, durante o conflito de independência da Croácia. Cerca de 70% dos edifícios da cidade foram afetados. Isso pode ser constatado do alto das muralhas: a maioria das casas tem em seus telhados telhas novas, cuja cor alaranjada contrasta com os das casas não atingidas.

De Dubrovnik seguimos em direção do Parque de Plitvice, no interior do país. Nesse trajeto subimos o vale do Rio Cetina, uma das áreas mais afetadas pelo conflito entre croatas e sérvios. Grande parte dessa área antes da guerra era habitada pela minoria sérvia da Croácia, cerca de 11% da população do país na época.

Quando a Croácia declarou sua independência em relação à Iugoslávia em 1991, os sérvios da Croácia, majoritários nessa área, proclamaram sua independência e criaram ali a República Sérvia de Krajina, que existiu até 1995, quando os sérvios se retiraram da região por conta do avanço dos croatas.

Ao longo da estrada, não só notei inúmeras casas destruídas e abandonadas como também passei por cidades que ainda hoje mostram cicatrizes da guerra, como Knin, antiga capital da República de Krajina. Em vários pontos à beira da estrada existem inúmeras sepulturas, testemunhas silenciosas dos combates que ali ocorreram.

O parque nacional de Plitvice, formado por mais de uma dezena de lagos de águas límpidas e cascatas, ficou marcado por um evento trágico. Ali tombaram as primeiras vítimas do conflito.

A parte final da viagem foi a Ilha de Korcula. Embarcamos em Split e depois de duas horas chegamos a Vela Luka, a cidade de meu pai. Entre os poucos e pequenos núcleos urbanos da ilha estão Blato (terra da minha mãe) e Korcula, cidade onde nasceu Marco Polo. Nesta parte da viagem, surpresas me aguardavam. Pude conhecer a casa em que meu pai nasceu e descobri que antes de ele migrar para o Brasil teve um filho. Infelizmente não pude conhecer meu irmão que havia morrido fazia dois anos. Para compensar, minha família cresceu consideravelmente: uma cunhada, duas sobrinhas e seus filhos.

A Turquia de Istambul e Ataturk

Cidade mais importante da Turquia, Istambul apresenta particularidades históricas e geográficas únicas. Capital dos impérios bizantino e otomano durante dezesseis séculos (de 330 a 1923), perdeu a condição de centro político-administrativo para Ancara, quando da criação da República da Turquia.

Com cerca de 12 milhões de habitantes é a mais populosa da Europa, sendo também o mais importante centro econômico e cultural da Turquia. É também a única cidade do mundo cujo sítio urbano se espalha por dois continentes, o europeu e o asiático, separada pelo estratégico Estreito de Bósforo (com 31,7 quilômetros de extensão), canal natural que liga o Mar Negro ao Mar de Mármara. A maioria da população mora na parte asiática e trabalha no lado europeu. O deslocamento entre as duas partes da cidade se faz por meio de barcos ou pela Ponte do Bósforo, inaugurada em 1973.

Cheguei a Istambul num belo dia de sol, céu azul e temperatura elevada, características típicas do fim da primavera nas regiões de clima mediterrâneo. Já do avião deu para perceber a enorme extensão da cidade, que não é dominada, como nas grandes metrópoles do Ocidente, por prédios de grande altura. De imediato, um aspecto me chamou a atenção: a enorme quantidade de minaretes, torres construídas junto às mesquitas, de onde os *muezins* conclamam os fiéis muçulmanos a fazer suas orações. Em Istambul há pelo menos 2.300 mesquitas. A principal delas é a Mesquita Azul.

Situada na parte europeia da cidade, a Mesquita Azul é a única de Istambul a possuir seis minaretes. Foi emocionante ver a imponência dessa construção, que possui, como todas as mesquitas, o altar voltado para Meca e centenas de pequenos tapetes no chão onde os fiéis se prostram para fazer suas orações. Na cidade há também edifícios que remontam à época otomana, como os suntuosos palácios Topkapi e Dolmabahce, que em diferentes épocas foram residências dos sultões otomanos.

Embora cerca de 95% da população turca siga o islamismo, o país é o mais ocidentalizado do mundo muçulmano e seu governo define-se como laico. Em Istambul a maioria das mulheres veste roupas ocidentais (mas não são poucas as que usam véus cobrindo suas cabeças ou que se trajam de forma ainda mais ortodoxa). Grande parte das pessoas diz praticar um islamismo "light".

Pelos caminhos do mundo

Istambul: a cidade de dois continentes

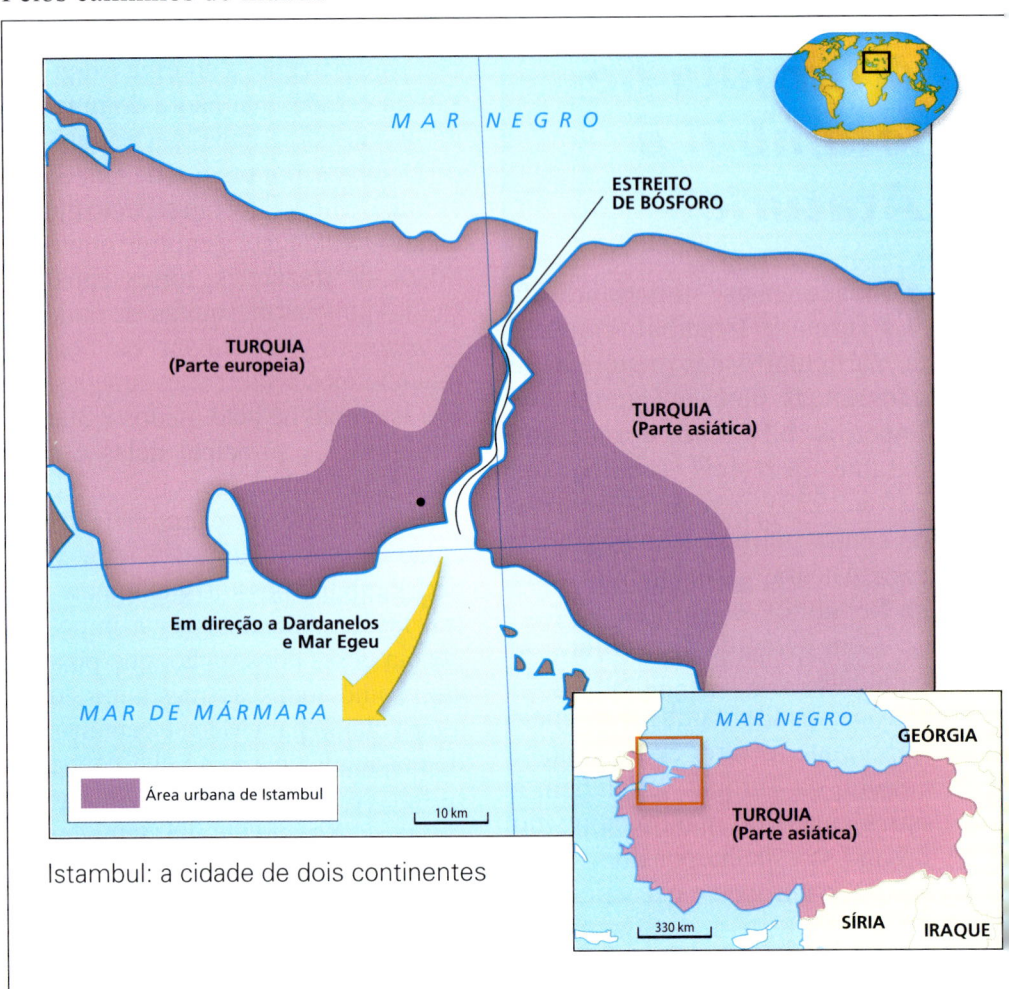

No entanto, a religião não deixa de ser respeitada. Determinado dia eu estava almoçando em um restaurante repleto de turistas e homens de negócios e com música tocando ao fundo, quando começou a se ouvir o chamado do *muezin* vindo de uma mesquita próxima. Imediatamente a música parou e as pessoas passaram a conversar em um tom de voz mais baixo. Findo o chamado do *muezin*, a situação voltou à "normalidade" anterior.

Istambul é uma cidade com muito barulho, um trânsito infernal e muita gente por todos os lados, 24 horas por dia. O centro nevrálgico da cidade é o bairro de Taksin, onde está a Rua Istiklal, que abriga um comércio variado com lojas populares e de grife, restaurantes, lanchonetes, confeitarias (nas quais se fabrica o popular "pão" *simit*) e ambulantes que vendem o *misir*, uma espécie de "churrasquinho" de milho.

Nas pequenas ruas que cruzam a Istiklal há um sem-número de bistrôs, cafés com mesinhas na calçada e restaurantes de comidas típicas. A surpreendente e vibrante Istambul é daquelas cidades que valem mais que uma visita na vida.

O homem que pôs fim a um império

O hino, a bandeira e a moeda são símbolos de uma nação. A unidade monetária da Turquia é a libra turca, e todas as cédulas e moedas em uso no país possuem a esfinge de Mustafá Kemal Ataturk (1881-1938). Não dá para entender a Turquia sem conhecer a história daquele que é conhecido como o "pai dos turcos", um dos maiores líderes políticos no período entre as duas guerras mundiais.

Cultuado ainda hoje pela população, destacou-se como militar e político. Sua carreira militar foi marcada por duas grandes vitórias. Durante a Primeira Guerra Mundial, na defesa da península de Galipoli, no estreito de Dardanelos (1915), ele foi o primeiro e único militar de origem otomana a derrotar um exército ocidental desde as Cruzadas. Depois, ao vencer as forças gregas na Guerra da Independência (1920-1922), fez a Turquia recuperar a totalidade da Anatólia e a Trácia Oriental, definindo seus contornos políticos atuais, confirmados pelo Tratado de Lausanne (1923).

Como político, Ataturk foi o responsável pela proclamação da República (1923) e pela abolição do califado (1924), fatos que puseram fim à longa dinastia otomana. Ele canalizou e perpetuou o entusiasmo nascido pela Guerra de Independência para realizar a unidade do país não somente em torno de sua figura carismática, mas em torno de ideias ligadas a um partido único (Partido Republicano do Povo), cujos princípios foram o republicanismo, o nacionalismo, o populismo, o estatismo, o laicismo. Em suma, promoveu uma verdadeira revolução.

O resultado dessas ideias levou à supressão dos tribunais e das escolas religiosas, à abolição da poligamia, à substituição do alfabeto árabe pelo latino, ao direito de voto das mulheres, à adoção de um novo código civil, criminal e comercial, à obrigação do casamento civil, ao ensino generalizado em todos os graus sob controle do Estado, entre outros aspectos. Esse turbilhão de mudanças transformou a Turquia no mais ocidentalizado país do mundo islâmico, o principal argumento do país para ter aceito o seu pedido de adesão à União Europeia.

Pelos caminhos do mundo

Malvinas: uma das últimas joias da Coroa

Situada entre 51º e 53º de latitude sul, a cerca de 500 quilômetros da costa meridional da Argentina, as Ilhas Malvinas (para os argentinos) ou Falklands (para os britânicos) têm como capital a cidade de Port Stanley, uma das menores e mais remotas capitais do mundo. A soberania britânica sobre esse arquipélago do Atlântico Sul remonta ao início do século XIX. Atualmente corresponde a um dos resquícios de um conjunto de pontos estratégicos marítimos (ilhas, estreitos e canais) espalhados pelos mares e oceanos do mundo que ainda se encontram sob o domínio da Grã-Bretanha. Este país, no final do século XIX e início do século XX, não só era a maior potência naval como possuía o mais extenso império colonial do mundo. No Império Britânico o sol nunca se punha, gabavam-se os súditos de Sua Majestade.

Antes de 1982, quando ocorreu o conflito entre britânicos e argentinos pela posse das ilhas, os nomes Malvinas e Port Stanley eram praticamente desconhecidos pela maioria das pessoas do mundo. O arquipélago, formado por cerca de setecentas ilhas, tem como destaque duas maiores: a Malvina Oeste (quase desabitada) e a Malvina Leste, onde se situa Port Stanley.

Ilhas Malvinas (Falklands)

Cheguei às Malvinas em um magnífico dia do verão austral. Não sei se os moradores de lá dizem isso a todos turistas, mas segundo eles dias semelhantes àquele 20 de janeiro só acontecem duas ou três vezes a cada ano. Embora fosse verão, um vento constante, bem forte e relativamente frio para os padrões brasileiros nos acompanhou durante todo o dia.

A primeira coisa que me chamou a atenção, quando ainda estava no navio que me levava ao arquipélago, foi a coloração dominantemente vermelha dos telhados das casas e a pequenez do núcleo urbano de Stanley, cujos limites urbanos eram claramente perceptíveis. Outro fato: por conta das condições de solo e das chuvas relativamente escassas, praticamente não existem árvores nas ilhas. Os arbustos lá existentes têm o nome de *bush* (nenhuma alusão ao ex-presidente dos Estados Unidos).

Port Stanley é a única cidade das Malvinas. Os outros pontos que aparecem em mapas das ilhas nada mais são que sedes de fazendas que tradicionalmente têm como atividade econômica a criação de ovelhas. Estima-se que haja pelo menos 170 mil ovelhas espalhadas pelo arquipélago. Não faz muito tempo, essa era a base da economia local. Atualmente, com as licenças para pesca comercial, a pesca representa a maior fonte de renda, já que as águas em torno das ilhas concentram grandes cardumes. A exploração de gás e o turismo estão se tornando atividades cada vez mais promissoras.

Segundo o censo de 2001, Stanley possuía 1.989 habitantes e concentrava cerca de 85% das pessoas do arquipélago, um caso típico de macrocefalia urbana. Não está computado nesse número o pessoal militar britânico: aproximadamente 1,5 mil militares, ali presentes para evitar uma nova tentativa de ocupação por parte dos argentinos. Para preservar segredos militares, algumas áreas são interditadas à visitação por turistas.

Mais de 90% dos *kelpers*, como são chamados os habitantes das ilhas, têm origem britânica. Há cerca de uma dezena de argentinos em Stanley, aparentemente bem integrados à comunidade, e... uma brasileira: Tereza, uma carioca que, em viagem às Malvinas, se apaixonou por um *kelper* e acabou ficando por lá.

As pessoas de Stanley se gabam de sua qualidade de vida, da criminalidade praticamente inexistente, das estufas onde plantam flores (quase todas as casas têm uma delas) e dizem que, pelo *Guiness Book*, as Malvinas possuem o maior índice *per capita* de jipes *Land Rovers* do mundo. A moeda local é o Falkland Pound, que mantém paridade com a moeda britânica.

Alguns pontos turísticos chamam a atenção. Um deles é um memorial em homenagem à batalha das Falklands, ocorrida entre forças navais britânicas e alemãs em dezembro de 1914, durante a Primeira Guerra Mundial. O mais importante é o 1982 Memorial, onde estão gravados os nomes dos 255 militares britânicos que perderam sua vida durante a guerra com os *argies*, como são denominados os argentinos. Em frente a esse monumento, é comemorado em 14 de junho o Liberation Day, uma data que provoca fortes emoções e grande orgulho.

O Britannia House Museum preserva um pouco da história das ilhas. Parte importante do acervo do museu está ligada ao conflito de 1982. Lá estão expostos troféus de guerra e a reprodução de um *bunker*, espécie de trincheira usada pelos argentinos. Há também livros sobre a guerra. Um deles, *74 Days*, de John Smith, é um diário feito por um habitante das ilhas que relata o cotidiano de sua família durante os 74 dias de ocupação.

Como lembranças de guerra também impulsionam o turismo, promovem-se excursões a campos de batalha no interior da ilha e a alguns dos cerca de cem campos minados (devidamente cercados) que, devido a falta de informações sobre a localização exata das minas, não puderam ser desativados.

No final do século XIX, os britânicos afirmavam que suas colônias eram as joias da Coroa. Costumava-se dizer que a Índia era a maior delas. Mais de sessenta anos após a independência da Índia, as Malvinas restam como uma das poucas joias do orgulhoso Império onde o sol nunca se punha.

Mundo contemporâneo

Capetown, a cidade-mãe da África do Sul

A Cidade do Cabo é a expressão concreta de uma convergência peculiar entre a geografia e a história. Localizada em uma pequena península no extremo sul do continente africano, Capetown é o segundo maior núcleo urbano (3,3 milhões de habitantes) da República Sul-Africana. Quem chega à cidade vislumbra logo seu mais importante acidente natural, a Table Mountain (Montanha da Mesa). Esse bloco de relevo tabular, de 1.087 metros, pode ser avistado de todos os pontos da cidade. A vista da cidade a partir da Table Mountain é lindíssima.

A cidade e regiões próximas guardam uma singular mescla cultural e populacional, resultado da superposição e miscigenação de diferentes culturas ao longo do tempo. Aos hotentotes, grupo ancestral que habitava a região, juntaram-se, há cerca de mil anos, povos bantos que se expandiram para o sul. No século XVII chegaram os colonizadores europeus, primeiramente holandeses, que fundaram a cidade e criaram a Colônia do Cabo, em 1652. Calvinistas, esses colonos fugiam às perseguições religiosas movidas a eles na Europa. Em seguida, chegaram outros colonos protestantes, de origens francesa, inglesa e alemã. Nesse período houve expressiva mestiçagem entre os colonizadores e grupos africanos.

Em seguida foram trazidos escravos, assim como trabalhadores livres, da Malásia, da Indonésia, da África Oriental e do

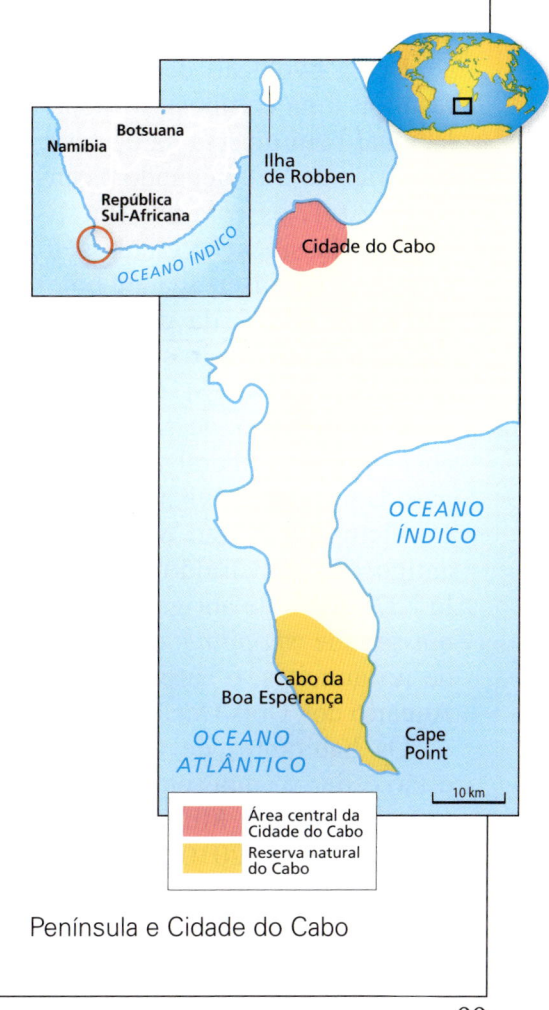

Península e Cidade do Cabo

Subcontinente Indiano. Houve também mestiçagem entre esses grupos e os que ali já se encontravam. Do século XIX, quando a Colônia do Cabo passou ao domínio britânico, até os dias atuais, juntaram-se a esse caldeirão étnico-cultural imigrantes europeus de várias nacionalidades e imigrantes vindos de países vizinhos, como Angola, Moçambique e Zimbábue. Vez por outra, estes últimos têm sido vítimas de atos de xenofobia.

Dessa evolução demográfica resultou uma composição populacional bem diversa da do resto da África do Sul. Segundo o censo de 2001, os *coloreds* (mestiços, na classificação criada pelo *apartheid* e conservada até hoje) perfaziam 48,2% da população, seguidos pelos "negros" (31,7%) e "brancos" (18,7%). Capetown pode se orgulhar de ser a mais cosmopolita e liberal cidade do país. Um cartão de visita do local é o Victoria & Alfred Waterfront, antigo cais construído no século XIX que hoje abriga, além de um grande *shopping* e dezenas de restaurantes, o surpreendente Aquário dos Dois Oceanos.

Os habitantes de Capetown estão cada vez mais empolgados com a Copa do Mundo, que o país sediará em 2010. Já são encontradas nas lojas as camisetas da torcida *bafanabafana*, nome carinhoso da seleção local. Elas dividem as vitrines com camisetas nas quais está escrito Springboks, que identifica a seleção de rúgbi, esporte no qual o país sagrou-se campeão mundial em 1995 e 2007. Nelson Mandela é objeto de veneração pela maioria da população, onipresente em estátuas, fotos e camisetas. Frases e citações do líder da luta contra o *apartheid* estão impressas em cartazes e pôsteres nas lojas para turistas.

Nos arredores de Capetown há duas outras atrações; a primeira é o Cabo da Boa Esperança, cerca de 100 quilômetros ao sul. Foi uma emoção especial visitar o *Cape Point* e imaginar, erroneamente como os navegadores portugueses do passado, que ali se dava o encontro das águas do Atlântico e do Índico. Na verdade, a famosa passagem de Bartolomeu Dias e Vasco da Gama encontra-se cerca de 200 quilômetros a sudeste, no Cabo das Agulhas.

A segunda atração é a rota dos vinhedos do Cabo. Nesta área está Stellenbosh, a primeira cidade vinícola edificada por holandeses em 1679. Mais tarde, huguenotes franceses fundaram Franshoek e, em seguida, Paarl. A qualidade dos vinhos sul-africanos é reconhecida mundialmente.

Mundo contemporâneo

A saga bôer, o apartheid e a nova África do Sul

A origem da atual República Sul-Africana (RSA) encontra-se na colonização da região do Cabo, iniciada em 1652 por protestantes holandeses (bôeres). A colônia passou ao controle britânico em 1814, por decisão do Congresso de Viena. A nova administração declarou o fim da escravidão em 1833, ato que desencadeou o *Grand Trek* (Grande Jornada), a migração de milhares de bôeres em direção aos planaltos interiores da África austral. Entre 1834 e 1838, os *trekers* lutaram contra tribos africanas e fundaram as repúblicas do Orange e do Transvaal. Essas repúblicas interiores, apoiadas na escravidão e em um exacerbado radicalismo religioso, lançaram as bases do que mais tarde seria o *apartheid*.

No final do século XIX, a descoberta de diamantes e ouro nas repúblicas bôeres atiçou a cobiça britânica e desencadeou uma guerra entre a maior potência mundial e os colonos conservadores da África austral. A Guerra dos Bôeres (1899-1902) terminou com a derrota do Orange e do Transvaal. Oito anos depois, uma Constituição negociada entre os antigos adversários criou a União da África do Sul, composta pelos territórios britânicos do Cabo e do Natal, mais as antigas repúblicas bôeres.

Por cerca de quatro décadas, o poder ficou nas mãos de políticos brancos mais moderados. Deve-se lembrar que até 1994 a majoritária população negra não tinha direitos políticos. A evolução econômica do país, o mais rico da África, criou um expressivo

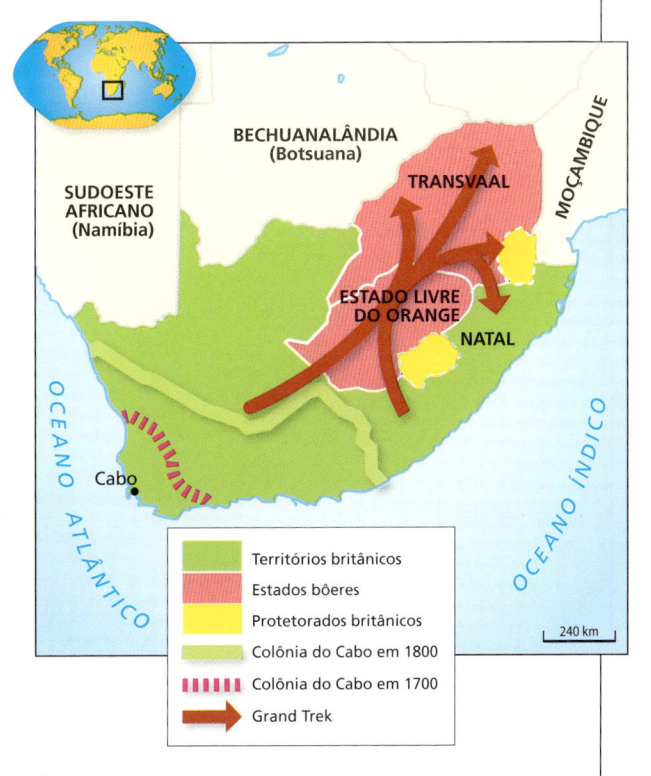

África do sul ao final do século XIX

mercado de trabalho urbano. Essa situação gerou conflitos entre os africânderes (descendentes dos bôeres, que falam a língua africâner) e a maioria negra. A defesa da exclusão dos negros e do monopólio dos postos de trabalho pelos brancos levou então à criação do Partido Nacional, constituído por africânderes radicais. Influenciado por ideias nazistas, o partido chegou ao poder em 1948.

A partir daí criou-se o regime do *apartheid*, baseado em todo um arcabouço jurídico de leis racistas e mantido a ferro e fogo por quase meio século. O sistema de discriminação oficial só desapareceu pela combinação de pressões internas e internacionais, especialmente após o fim da Guerra Fria. Em 1994 foram realizadas as primeiras eleições multirraciais na RSA, que deram a vitória a Nelson Mandela.

Mundo contemporâneo

A identidade da Noruega

Mesmo por poucos dias, conhecer a Noruega foi uma experiência singular por sua história, sua geografia e o excepcional nível de vida de sua população. Apresentado como o berço dos *vikings*, o país só conseguiu sua independência em 1905, ao se separar da Suécia. A construção de uma identidade *viking* para a Noruega contribuiu para consolidar a separação.

A geografia desse país escandinavo apresenta uma série de peculiaridades que ensejaram sua vocação marítima, o que pode ser constatado pela importância da pesca, da indústria naval e pela exploração de petróleo no Mar do Norte. Extremamente recortada, a costa norueguesa é marcada pela paisagem de incontáveis fiordes: vales fluviais profundos, escavados pela erosão glacial e "afogados" pela invasão marinha em períodos interglaciais. As duas principais cidades do país, Oslo e Bergen, situam-se junto a fiordes.

O litoral da Noruega recebe a influência moderadora de uma corrente marítima quente, a Deriva Norte Atlântica, que faz com que essa porção do país não sofra invernos tão rigorosos quanto os registrados em outras áreas de mesma latitude do mundo. Um terço do território norueguês está ao norte do Círculo Polar Ártico.

Noruega: um país especial

A Noruega é atravessada de norte a sul pelos Alpes Escandinavos, uma antiga cadeia de montanhas com altitudes que não vão muito além dos 2.500 metros mas que se constituíram em importante obstáculo à ligação entre áreas do país. Isso levou os noruegueses a se especializarem na construção de túneis. Quase 250 deles cortam os Alpes Escandinavos, e é na Noruega que se encontra o túnel mais extenso do mundo. Com 24,5 quilômetros de extensão, o túnel Laerdal permitiu encurtar em duas horas o trajeto entre Oslo e Bergen.

Os rios noruegueses são pequenos, têm suas nascentes nos Alpes Escandinavos e fluem torrencialmente tanto para o Atlântico quanto para o Mar do Norte. Embora o país seja o maior produtor europeu e um dos maiores exportadores mundiais de petróleo, a matriz energética norueguesa é baseada na hidreletricidade. A Noruega é o único país industrial que satisfaz todas as suas necessidades energéticas apenas com seus recursos hidráulicos. Seria bom que as discussões sobre o pré-sal no Brasil levassem em consideração esse fato.

Diferentemente de seus vizinhos nórdicos, em 1972 e novamente em 1994 os noruegueses recusaram, em plebiscito, integrar a União Europeia. Em grande parte, essa recusa decorre do nível de vida da população. Atualmente em torno de 4,7 milhões, a população norueguesa desfruta um excelente padrão social. O cenário, que já era bom antes do *boom* petrolífero da década de 1970, melhorou consideravelmente depois dele. As rendas obtidas têm sido usadas principalmente para financiar um generoso Estado de Bem-Estar. A partir da década de 1990, grande parte da renda petrolífera foi colocada em um fundo de pensão público destinado a financiar as aposentadorias e assegurar o futuro das próximas gerações.

Visitei Oslo e Bergen. A primeira, a mais antiga das capitais nórdicas, situa-se no sul. Com cerca de 570 mil habitantes, é o centro econômico, político e cultural do país – e terra de gente famosa, como o pintor Edward Munch (1863-1944), um dos pioneiros do expressionismo, e Hendrik Ibsen (1828-1906), um dos precursores do teatro moderno.

Outra personalidade, Thor Heyerdahl (1914-2002), idealizou um grande número de expedições, sendo a mais famosa a de Kon-Tiki. Em 1947, ele liderou um grupo que cruzou o Oceano Pacífico na balsa Kon-Tiki para demonstrar a viabilidade da hipótese de que navegadores pré-colombianos da costa ocidental da América do Sul cruzaram o enorme oceano e atingiram ilhas da Polinésia. Em sua aventura, Heyerdahl usou os materiais e técnicas de construção de balsas da época pré-colombiana.

Em Oslo se encontra o Museu da Resistência Norueguesa. Durante a Segunda Guerra Mundial os países vizinhos à Noruega tiveram posturas diferentes em relação ao conflito. A pequena Dinamarca foi rapidamente ocupada pelos nazistas e quase não ofereceu resistência. A Suécia declarou-se neutra, e a Finlândia se uniu aos alemães para combater a União Soviética. A Noruega, invadida em 1940, durante cinco anos fustigou os ocupantes nazistas.

Abrigado no interior da fortaleza medieval de Oslo, o Museu da Resistência contém uma sala onde foi montada uma suástica feita com dezenas de fuzis Mauser. Na ponta da baioneta do mais saliente deles está o ultimato alemão endereçado ao governo norueguês. A resistência ao nazismo forma a camada mais recente da identidade norueguesa.

De Oslo, segui por terra para Bergen, na costa oeste, cruzando os Alpes Escandinavos, que em alguns pontos, mesmo no fim da primavera, ainda apresentava trechos com neve às margens da estrada. A segunda maior cidade do país, com 250 mil habitantes, é conhecida como a "capital dos guarda-chuvas", pois ali ocorrem precipitações em quase trezentos dias por ano.

De Bergen segui em direção à Suécia, não sem antes navegar por duas horas no *Sognefiord*, um dos mais famosos fiordes do país. Na fronteira sueco-norueguesa, nada de guardas, muros ou qualquer tipo de barreira, apenas uma construção com uma sala onde se vendem suvenires. No meio da sala, uma linha traçada no chão: de um lado, a bandeira da Noruega; de outro, a da Suécia. Suecos e noruegueses dizem que é uma fronteira de brincadeira.

A última corrida do milênio

Em 31 de dezembro de 2000 participei pela sexta vez da Corrida de São Silvestre. Por conta do evento e da data, veio a ideia de escrever um texto sobre alguns aspectos do sítio urbano da cidade de São Paulo, tendo como pretexto o trajeto da prova.

O sítio urbano é definido como o "chão" que "sustenta" a cidade. O de São Paulo ergue-se sobre uma bacia sedimentar datada do período Terciário disposta sobre um embasamento cristalino cuja origem remonta ao Pré-Cambriano. Esse embasamento cristalino é o arcabouço geológico das áreas planálticas que configuram as terras altas da região Sudeste.

A bacia sedimentar de São Paulo estende-se por cerca de 40 quilômetros de largura e aproximadamente 60 quilômetros de comprimento. Do ponto de vista hidrográfico, situa-se no alto vale do Rio Tietê, que aí recebe as águas de dois dos mais importantes cursos fluviais que cruzam a aglomeração metropolitana: os rios Pinheiros e Tamanduateí.

Do ponto de vista topográfico, a maioria dos terrenos situa-se entre as cotas de 720 e 820 metros. A bacia está cercada por áreas mais elevadas, representadas, por exemplo, pelas serras do Mar (sul) e Cantareira (norte), no interior das quais vários pontos ultrapassam a altitude de 1.000 metros. Esses dois acidentes do relevo funcionaram, até certo ponto, como obstáculos para uma expansão maior da mancha urbana, tanto para o norte como para o sul.

O conjunto de aspectos morfológicos e altimétricos contribuiu para acentuar as tendências gerais da própria economia urbana, que determinaram um crescimento vertical denso na porção central da bacia e uma expansão de caráter mais horizontal nas partes periféricas. Essa expansão horizontal, em vários trechos, avançou sobre áreas cristalinas mais acidentadas. As características do relevo contribuíram também para acentuar certos fenôme-

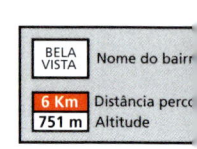

Mundo contemporâneo

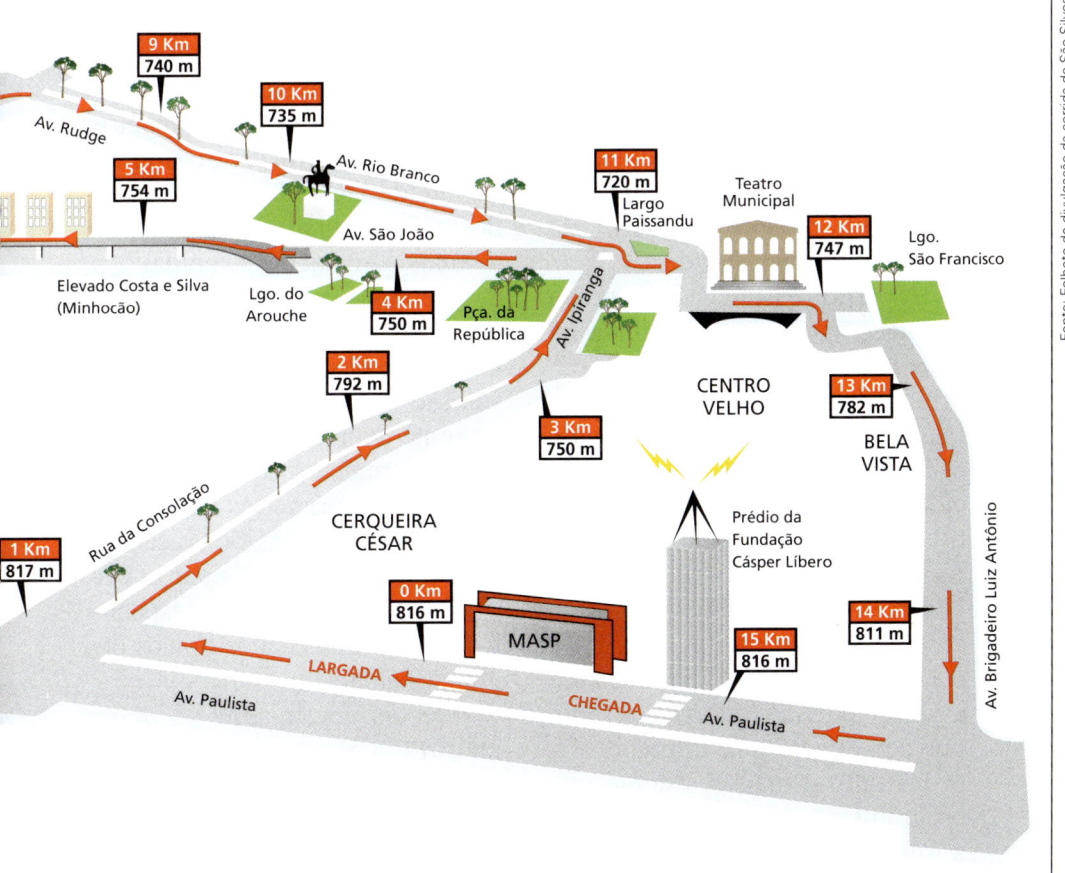

Os caminhos da São Silvestre

Fonte: Folheto de divulgação da corrida de São Silvestre.

nos tipicamente urbanos, como a ilha de calor, a concentração de poluentes e a inversão térmica.

No trajeto de 15 quilômetros da São Silvestre, percorrem-se trechos que, do ponto de vista altimétrico, variam entre 816 metros (saída e chegada) e 720 metros (por volta do quilômetro 10). Ao longo do trajeto, percorrem-se trechos do centro da cidade (portanto, do sítio urbano original) e de vários bairros circundantes, como os de Cerqueira César, Perdizes, Barra Funda e Bela Vista.

Ao longo de todo o trajeto, os corredores podem observar que o uso do solo caracteriza-se pelo predomínio de edifícios e pela presença de poucas áreas com cobertura vegetal. Esse padrão de ocupação do solo só se modifica um pouco entre os quilômetros 7 e 10 do trajeto, especialmente nos bairros de Perdizes e Barra Funda.

A partida e a chegada da prova acontecem na Avenida Paulista, na cota de 816 metros. Essa avenida, principal cartão de visita de São Paulo, situa-se num espigão onde estão os pontos mais elevados da cidade. Na verdade, a maior altitude do município é o Pico do Jaraguá, com 1.127 metros, que pode ser visto de vários pontos da cidade, mesmo da Paulista. Esse acidente do relevo corresponde a uma intrusão quartzítica que, por ação da erosão diferencial – o quartzito é mais resistente que os granitos e gnaisses existentes à sua volta –, apresenta formas pontiagudas, bem diferenciadas dos morros menores e arredondados que o emolduram.

A partir do início do século XX, a Avenida Paulista abrigou muitos palacetes dos "barões do café", que buscavam tranquilidade e distância do burburinho do centro original. Porém, em consequência do crescimento urbano caótico e da ausência de uma política mais firme de preservação do patrimônio histórico e arquitetônico, quase todos os palacetes foram demolidos para dar lugar a edifícios que atualmente abrigam bancos, cinemas, sedes empresariais, escolas, restaurantes. Parte significativa do centro financeiro, que funcionava no centro original da cidade até a década de 1960, deslocou-se gradativamente para a "mais paulista das avenidas".

Depois do primeiro quilômetro do trajeto, os corredores deixam a Paulista e descem a Rua da Consolação. Este eixo viário apresenta uma expressiva variedade de estabelecimentos comerciais e de serviços. Os primeiros quarteirões configuram uma aglomeração de varejo de lustres e iluminação – as aglomerações comerciais especializadas são fenômenos típicos das grandes cidades.

Depois de cerca de 3,5 quilômetros de trajeto, os corredores deixam a Consolação e passam a percorrer a Avenida Ipiranga e a Praça da República. Esses logradouros fazem parte daquilo que se denominou "centro novo", por oposição a "centro velho", nas imediações do Pátio do Colégio, onde a cidade foi fundada pelo Padre Anchieta em janeiro de 1554.

Depois, os corredores deixam a Ipiranga e entram na Avenida São João, passando pela esquina imortalizada por Caetano Veloso na música "Sampa". Então tomam a direção oeste, atravessam vários bairros e voltam, já entre os quilômetros 10 e 11, ao centro original e à cota altimétrica mais baixa de todo o trajeto (720 m). Neste ponto, cruzam o Viaduto do Chá e adentram o "centro velho", onde passam pelo Largo de São Francisco, onde está a centenária Faculdade de Direito. O Viaduto do Chá, construído nos primórdios do século XX para ligar o "centro velho" ao "centro novo", representou em sua época uma ousada obra de engenharia e separou os bairros ricos e altos, no oeste, dos bairros populares, nas várzeas alagadiças do leste.

Na parte final do trajeto, os "sobreviventes" enfrentam, por quase 3 quilômetros, a temível "subida da Brigadeiro" (Avenida Brigadeiro Luiz Antônio) e alcançam novamente a Paulista. Vencido o último grande obstáculo, o negócio é partir para os abraços e receber a merecida medalha dada a todos os que completam a prova. Essa medalha tem para mim um valor especial e único. Nela há a inscrição: "a última corrida do milênio".

Os ecossistemas e os impactos ambientais no Sudeste

Segundo a Secretaria Especial do Meio Ambiente (Sema), existem no Brasil nove ecossistemas principais: o Amazônico, o do Extremo Sul, o do Meio-Norte, o do Pantanal, o da Mata Atlântica e a Área Costeira, o da Floresta Estacional Semidecídua, o do Cerrado, o da Caatinga e Floresta Decídua. Com exceção dos quatro primeiros, todos têm alguma representatividade no Sudeste.

Três dos cinco ecossistemas que ocorrem no Sudeste – o da Mata Atlântica e a Área Costeira, o da Floresta Estacional Semidecídua e o do Cerrado – têm grande expressão do ponto de vista territorial, enquanto os demais ocupam áreas bem mais restritas.

As formações vegetais originais desses cinco ecossistemas foram em sua maior parte devastadas pelo intenso processo de ocupação humana e valorização econômica pelo qual a região passou nos últimos dois séculos.

Os impactos maiores dessa devastação foram sentidos especialmente nas áreas de matas, cuja ocorrência atualmente se restringe a menos de 10% das regiões que elas originalmente recobriam. Por exemplo, a Mata Atlântica só é encontrada mais ou menos intacta em alguns poucos trechos bastante acidentados da Serra do Mar.

Excetuando-se a destruição da vegetação original, podem ser enumerados cinco tipos de impactos ambientais na região. O primeiro deles tem sua ocorrência junto às principais áreas urbano-industriais, gerando uma grande variedade de "estilos" de poluição ambiental (do solo, do ar, das águas superficiais e subterrâneas, poluição sonora, efeito estufa, chuvas ácidas etc.).

Esse tipo de impacto ambiental verifica-se especialmente em cinco áreas: a mais extensa delas é a região metropolitana de São Paulo "expandida", abrangendo não somente as proximidades da Metrópole Paulista, mas também trechos da Baixada Santista, Vale do Paraíba e a região de Campinas-Sorocaba. Essa extensa área, que corresponde à parte considerável da Megalópole Brasileira em formação, é a mais intensamente urbanizada e industrializada de todo o Sudeste e, ao mesmo tempo, a que mais tem se ressentido dos impactos causados ao meio ambiente.

As outras três capitais estaduais do Sudeste também apresentam em menor escala problemas semelhan-

Mundo contemporâneo

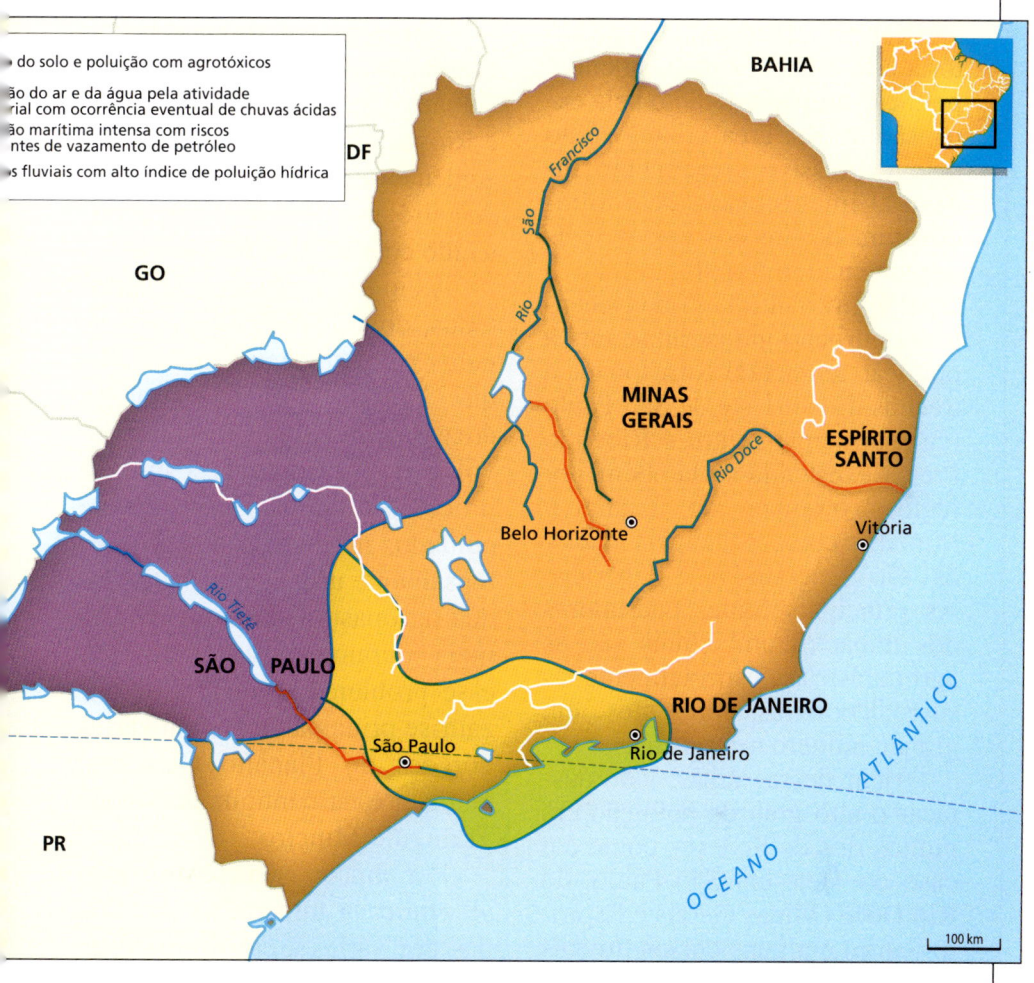

Região Sudeste: principais impactos ambientais

tes aos encontrados em São Paulo. A região metropolitana do Rio de Janeiro e as áreas próximas, como a Baixada Fluminense e o Vale do Paraíba (onde se localiza Volta Redonda), têm expressivos níveis de poluição, que refletem, por exemplo, no alto grau de contaminação das águas da Baía de Guanabara.

Já na região metropolitana de Belo Horizonte e seus arredores, os expressivos níveis de poluição são decorrentes não só do crescente adensamento urbano mas principalmente dos "estragos" produzidos pelo tradicional e importante polo siderúrgico que se concentra nessa área.

111

A região metropolitana de Vitória está cada vez mais sujeita à poluição ambiental, tanto pela expansão de sua área urbana como pelo expressivo crescimento industrial impulsionado pela infraestrutura de um dos portos mais movimentados do país.

Por fim, a última e mais recente área urbano-industrial sujeita à poluição ambiental corresponde a trechos do nordeste de São Paulo (cujo principal centro é Ribeirão Preto) e estende-se também por regiões orientais do Triângulo Mineiro, cujos principais núcleos são Uberlândia e Uberaba. As principais fontes causadoras dos impactos ambientais são as agroindústrias, especialmente as sucroalcooleiras, presentes em grande número nessas áreas.

Além dessas áreas, vale destacar o alto grau de poluição em muitos rios do Sudeste, como é o caso do Tietê em São Paulo, do Rio Doce (Minas Gerais e Espírito Santo) e alguns cursos fluviais do alto vale do São Francisco, que atravessam áreas industriais próximas a Belo Horizonte.

Em certas áreas litorâneas e mesmo em trechos da plataforma continental, há alto risco de poluição por petróleo por causa da existência de amplas áreas de extração petrolífera, como é o caso da Plataforma de Campos (Rio de Janeiro), responsável por mais de 70% da produção de petróleo bruto do país.

Refinarias e terminais petrolíferos junto ao litoral, como em Cubatão (SP), São Sebastião (SP) e Rio de Janeiro, são locais onde acidentes envolvendo o derrame de petróleo e derivados têm acontecido com relativa frequência.

Além dos problemas já apontados, dois outros podem ser citados pelos impactos ambientais que causam em determinadas áreas do Sudeste. Um deles envolve regiões sujeitas a intenso processo de erosão por falta de cuidados no manejo do solo, intensamente utilizado nas atividades agropastoris. As superfícies mais duramente atingidas por esse problema ambiental localizam-se principalmente em várias porções do Planalto Ocidental paulista e na contígua região do Triângulo Mineiro.

Por fim, existem áreas onde se pratica a mineração espalhadas por várias áreas do Sudeste, especialmente em Minas Gerais. Essa atividade gera tradicionalmente a contaminação de solos e águas, e as áreas do Sudeste que mais sofreram com esse impacto ambiental correspondem à região de Belo Horizonte e áreas localizadas ao norte da capital mineira. A tradicional extração de minério de ferro nesses locais é a grande responsável pela degradação ambiental.

Dos "nordestes" ao Nordeste

A noção espacial do que chamamos hoje de Nordeste é recente, datando do século XX. Desde o período colonial existiram vários "nordestes", áreas com características geoeconômicas bastante diferenciadas que mantinham escassas relações entre si.

O primeiro destes "nordestes" teve como base a cultura canavieira, atividade que se espalhou pela faixa litorânea dos atuais estados de Pernambuco, Paraíba, Rio Grande do Norte e Alagoas – e tinha em Recife seu principal polo urbano. Com o tempo, foram se organizando outras regiões com características econômicas e sociais diversas. Na Bahia, constituiu-se um espaço regional polarizado por Salvador, sede do Governo-Geral. No Ceará e no Piauí, predominavam atividades ligadas à pecuária rudimentar e ao extrativismo, enquanto o Maranhão estava vinculado aos processos de expansão do povoamento da Amazônia. No fim do século XVII, o "nordeste açucareiro" entrou numa longa e contínua decadência. Quase ao mesmo tempo, emergiu no Sertão semiárido uma região econômica baseada na cultura do algodão e na pecuária extensiva.

Na segunda metade do século XIX, com o desenvolvimento da pequena agricultura comercial e o crescimento de cidades na região do Agreste, diferenciaram-se ainda mais as estruturas geoeconômicas e sociais. No início do século XX, estruturou-se no sul da Bahia o "nordeste cacaueiro", polarizado pelas cidades de Itabuna e Ilhéus.

Ao longo de quatro séculos, essas evoluções econômicas deixaram como herança enormes desigualdades sociais, uma estrutura fundiária marcada pelo predomínio do latifúndio, especialmente nas regiões canavieiras e no Sertão, e o enraizamento do poder de oligarquias regionais. As oligarquias nordestinas preservaram seus interesses mesmo após a abolição da escravidão, ingressando no período republicano como elites regionais secundárias. O Nordeste transformou-se na principal área repulsora de população do país. Nos séculos XIX e XX, milhões de nordestinos migraram – e não só das áreas atingidas pelas secas – rumo a outras regiões, buscando escapar da miséria e erguer um futuro diferente para seus filhos.

No século XX, a região tornou-se uma peça-chave nas políticas de planejamento regional postas em prática pelo Estado brasileiro. Em um primeiro momento, quando se acreditava que a pobreza endêmica da região devia ser explicada exclusivamente pelas secas, fornecer água para as populações do semiári-

Aquarelas brasileiras

A região nordeste em dois tempos

do figurou como objetivo principal. A oligarquia sertaneja apropriou-se da "política hidráulica", baseada na construção de açudes e canais com recursos federais, o que deu origem à chamada "indústria da seca".

O Nordeste passou a ser encarado efetivamente como uma unidade regional apenas a partir da década de 1930, quando a marcha da industrialização estimulou as políticas de integração nacional. Mesmo assim, a primeira regionalização oficial do Brasil, de 1946, excluía a Bahia e o Sergipe do espaço nordestino. Os dois estados seriam incluídos no Nordeste apenas na divisão regional de 1969.

A concentração da atividade industrial no Sudeste, marca crucial das dinâmicas espaciais do Brasil no século XX, agravou a dependência econômica do Nordeste e acentuou os fluxos migratórios inter-regionais. A Superintendência do Desenvolvimento do Nordeste (Sudene), uma agência federal, foi criada em 1960 com a meta de amenizar esse desequilíbrio.

A estratégia principal da Sudene dava ênfase à industrialização do Nordeste, com base em recursos obtidos por meio de incentivos fiscais e financeiros e também por investimentos estatais destinados a ampliar a infraestrutura viária e energética da região. No setor agropecuário, a Sudene objetivava promover reformas que levassem à ampliação da produção, com a utilização de técnicas modernas, especialmente de irrigação no semiárido, e a introdução de mudanças na estrutura fundiária da Zona da Mata. Acreditava-se que essas medidas contribuiriam para mudar o perfil social da região.

Extinta em 2001 e recriada em 2007, a Sudene promoveu a diversificação da estrutura industrial, com ênfase no setor de bens intermediários, em detrimento dos bens de consumo não duráveis, anteriormente o principal setor industrial. Quanto à agropecuária, algumas áreas apresentaram significativa modernização, sobretudo aquelas em que se desenvolveram as técnicas de irrigação e de valorização das áreas de cerrado. Mas a reforma agrária na Zona da Mata não ocorreu. O setor de serviços, especialmente nas capitais estaduais, passou a ter maior importância e o turismo cresceu muito.

Na década de 1990, com a abertura da economia brasileira, novas formas de intervenção na região foram desenvolvidas. As condições econômicas, em um mundo cada vez mais globalizado, fizeram que os investimentos industriais fossem destinados ao setor de bens não duráveis (tecidos, vestuário, calçados), na tentativa de aproveitar as vantagens comparativas decorrentes dos baixos custos da mão de obra regional. No setor agrícola, as atenções se voltaram para os novos centros produtores de frutas da região do semiárido. No setor de serviços, o turismo recebeu prioridade, com o apoio a empreendimentos hoteleiros, principalmente na faixa litorânea.

Hoje, existem focos de dinamismo econômico ao lado de áreas onde sobrevivem as arcaicas estruturas tradicionais. Nestas, o processo de modernização, quando ocorreu, foi espacialmente seletivo e restrito, permitindo que as oligarquias criassem sucessivos mecanismos de preservação. Nesses espaços resistentes às mudanças, persistem os velhos esquemas da dominação oligárquica, que se fundamentam na injusta estrutura fundiária e no controle do acesso à água.

Um novo Nordeste está surgindo

Na tradição da geografia regional do Brasil, o Nordeste possui quatro unidades sub-regionais: Zona da Mata, Agreste, Sertão e Meio-Norte (Transição para a Amazônia). Os nomes indicam que o critério empregado na operação de regionalização foi bastante influenciado pela análise das características naturais, em especial as climato-botânicas, e das atividades econômicas históricas. Entretanto, nas últimas décadas, o Nordeste sofre os impactos do processo de globalização e conhece profundas transformações econômicas. Tais mudanças solicitam uma nova divisão sub-regional, capaz de captar o dinamismo recente e o caráter mais complexo e diferenciado de todo o espaço regional.

Diante do anacronismo da divisão tradicional, com base em dados e estudos do Instituto Brasileiro de Geografia e Estatística (IBGE) e do Instituto de Pesquisa Econômica Aplicada (Ipea), órgãos do governo federal elaboraram uma nova divisão sub-regional. A proposta não deixou de levar em conta os critérios climato-botânicos, expressos pela permanência parcial dos nomes Mata, Agreste e Sertão. Mas ela acrescentou outros, como a sub-região do Cerrado, e articulou também o "fator" hidrográfico, ressaltando o papel dos rios São Francisco e Parnaíba, que funcionam como elementos de identificação de espaços sub-regionais. O resultado são nove regiões geoeconômicas: Litoral-Mata, Pré-Amazônia, Parnaíba, Sertão Setentrional, Sertão Meridional, São Francisco, Agreste Oriental, Agreste Meridional e Cerrado.

O Litoral-Mata abrange áreas de todos os estados, em uma faixa que engloba a "antiga" Zona da Mata e o litoral setentrional do Nordeste. Ele compreende quase metade da população regional, é a mais importante das sub-regiões e gera quase dois terços do PIB nordestino. Nessa área localizam-se todas as capitais nordestinas, com exceção de Teresina, e também as maiores concentrações urbano-industriais – inclusive Salvador, Recife e Fortaleza, as três maiores regiões metropolitanas. O turismo é a atividade responsável pela atração de um número cada vez maior de pessoas e figura, ao lado de expressivos investimentos externos, como fonte do dinamismo econômico. A porção baiana do Litoral-Mata, onde estão o Polo Petroquímico de Camaçari e o Distrito Industrial de Aratu, abriga quase

Mundo contemporâneo

Fonte: IBGE, IPEA, citado em ALBUQUERQUE, Roberto C. Na crise global como ser o melhor dos PRIC's. São Paulo, Elsevier, 2009.

	Litoral-mata
	Pré-Amazônia
	Parnaíba
	Sertão setentrional
	Agreste oriental
	São Francisco
	Agreste meridional
	Sertão meridional
	Cerrado

INDICADORES DAS SUB-REGIÕES GEOECONÔMICAS DO NORDESTE

Sub-região	Área (%)	População (%) *1	PIB (%) *2	Cresc. PIB (%) *3
Litoral-mata	13,7	46,9	64,9	4,5
Pré-Amazônia	10,2	5,7	3,3	4,1
Parnaíba	6,4	4,6	3,3	5,1
Sertão setentrional	21,9	15,1	8,3	3,8
Agreste oriental	3,3	8,3	5,2	3,3
São Francisco	9,8	4,0	3,6	5,6
Agreste meridional	6,0	7,7	5,7	3,6
Sertão meridional	11,7	5,7	2,9	3,2
Cerrado	16,9	2,1	2,8	7,1

*1 - dados de 2007
*2 - dados de 2005
*3 - média anual entre 1970 e 2005

Regiões geoeconômicas do Nordeste

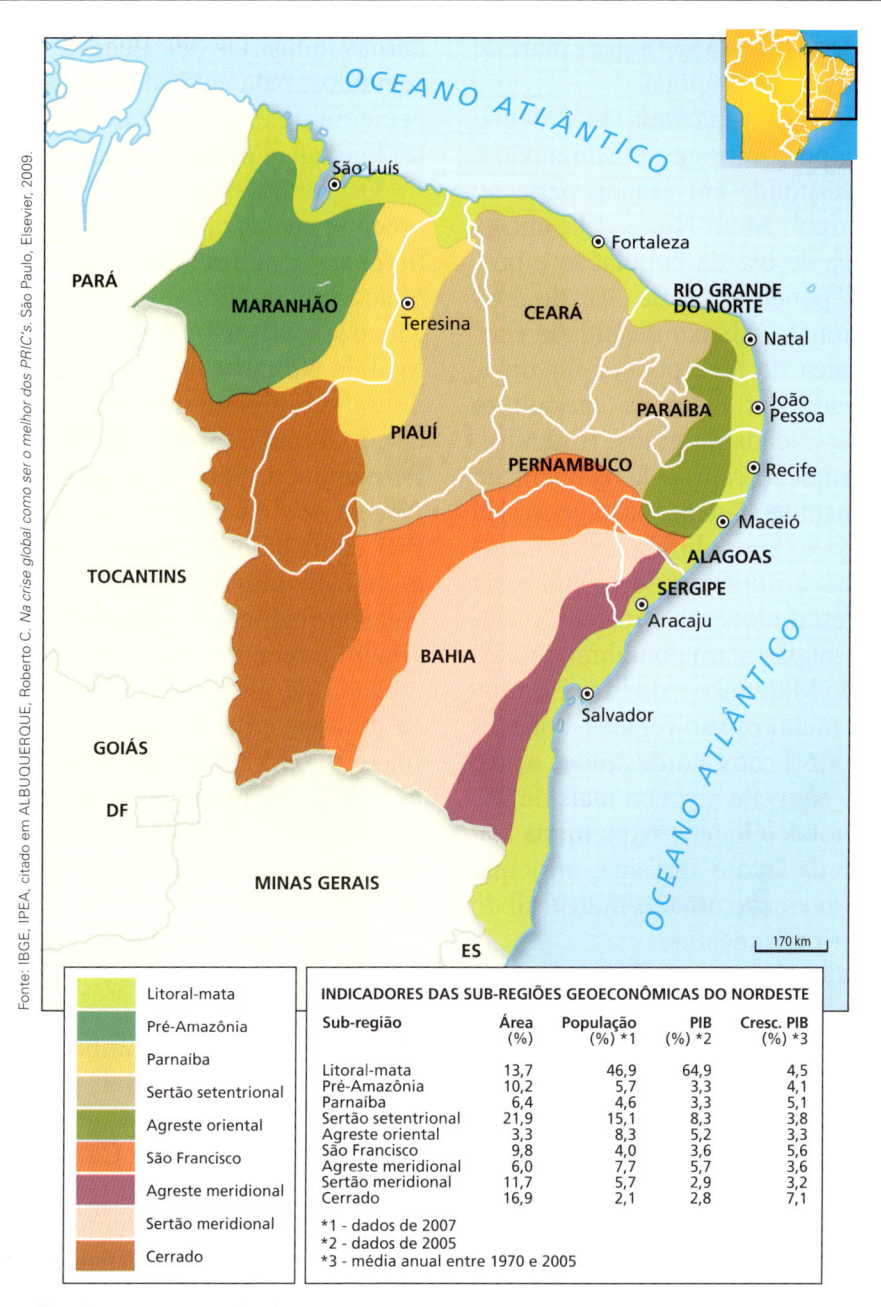

13% da população e gera mais de 20% do PIB regional.

A Pré-Amazônia se estende pela porção oeste do Maranhão e corresponde em grande parte ao "antigo" Meio-Norte. Ela abriga cerca de 6% da população e produz pouco mais de 3% do PIB regional. A baixa densidade econômica da área poderá ser dinamizada por meio da agricultura diversificada de grãos, fruticultura tropical (caju) e da recuperação e manutenção de pastagens. Há também possibilidades relacionadas à implantação de indústria florestal moderna e sustentável. A sub-região Parnaíba abrange áreas do Maranhão e do Piauí. É uma das menores sub-regiões, concentra 4,6% dos nordestinos, e seu PIB equivale a pouco mais de 3% do total. O mais expressivo núcleo da área é Teresina, principal aglomeração urbano-industrial do interior nordestino.

O Sertão Setentrional é a mais extensa das sub-regiões, estendendo-se por áreas de todos os estados, à exceção do Maranhão, Bahia e Sergipe. É a segunda sub-região mais populosa e gera o segundo maior PIB regional (8,3%). Existe na área uma clara distinção entre "novos" e "velhos" sertões. Os primeiros estão representados, por exemplo, pelas cidades cearenses de Sobral e Crato, onde se localizam modernas indústrias de calçados. Os segundos, pela agricultura e pela pecuária extensiva, atividades tradicionais do semiárido.

O Sertão Meridional compreende apenas áreas da Bahia e Sergipe. A sub-região concentra pouco menos de 6% da população, e seu PIB não chega a 3% do total do Nordeste.

A sub-região do São Francisco abrange áreas da Bahia, Pernambuco, Sergipe e Alagoas. Abriga 4% da população, e seu PIB equivale a 3,6% do total regional. Economicamente, é uma das sub-regiões com maior crescimento recente. A fruticultura irrigada de alto nível tecnológico tem nas cidades "gêmeas" de Juazeiro (BA) e, principalmente, Petrolina (PE) seus núcleos mais importantes. Pernambuco tornou-se o segundo maior produtor de vinho do país.

O Agreste Oriental é a menor das sub-regiões, projetando-se por áreas do Rio Grande do Norte, Paraíba, Pernambuco e Alagoas. É a terceira mais populosa e responsável por mais de 5% do PIB nordestino. Campina Grande (PB) e Caruaru (PE), as "capitais do Agreste", com suas indústrias têxteis e de calçados e centros avançados de pesquisas, destacam-se como os mais importantes núcleos urbanos. Já o Agreste Meridional se estende por parte dos estados de Sergipe e Bahia. Na sub-região encontra-se quase 8% da população, e seu PIB equivale a 5,7% do total regional. Nesta área, destacam-se as cidades baianas de Feira de Santana e Vitória da Conquista.

A sub-região do Cerrado abrange áreas da Bahia, Maranhão e Piauí. É segunda maior em extensão, a menos populosa e a que possui menor participação no PIB (2,8%). Paradoxalmente, apresenta os maiores ritmos de crescimento nos últimos anos. A expansão da cultura mecanizada de grãos, especialmente soja e milho, acompanhada pela criação de bovinos, decorre da ação de empresários rurais transferidos do Sul e do Sudeste. As cidades de Barreiras e Luiz Eduardo Magalhães, na Bahia, Elizeu Martins, no Piauí, e Balsas, no Maranhão, são os polos dessa área.

Uma nova radiografia da região Norte

A região Norte do Brasil possui extensão de mais de 3,8 milhões de km^2, ocupando 45,3% do território nacional. Nela vivem cerca de 15 milhões de pessoas, quase 8% da população brasileira. Nas últimas décadas, os estados da região exibem os maiores ritmos de crescimento populacional do país.

Não é de hoje que a região desempenha o triplo papel de fronteira demográfica, econômica e geopolítica, atraindo investimentos, interesses e um significativo número de pessoas de outras áreas do Brasil. A região contribui com 5% do PIB nacional, uma participação dez vezes inferior à do Sudeste. Contudo, nas últimas décadas, o crescimento do PIB regional figura como o mais expressivo do país.

Estudo recente, baseado em informações do IBGE e em análises do Instituto de Pesquisas Econômicas Aplicadas (Ipea), sugeriu uma nova divisão do espaço regional, resultante da identificação de 24 Áreas Polarizadas (APs). A nova divisão proposta tem o objetivo de fornecer ao governo subsídios para uma ocupação em bases mais sustentáveis. O grande número de APs identificadas reflete a vasta superfície regional, na qual as paisagens naturais não se apresentam fisiográfica ou ecologicamente uniformes, e também as diferenciações no espaço geográfico geradas por dois séculos de valorização econômica da Amazônia brasileira.

Não se ignorou que, atualmente, três quartos dos habitantes da região vivem nas cidades, com grande concentração em Manaus e Belém, e que a rede urbana é muito pouco articulada, dispersa por um amplo território e servida por precária infraestrutura, com impactos negativos nos fluxos de pessoas, bens e serviços. Levou-se em conta, ainda, a delimitação legal de vastas áreas interditas à ocupação (unidades de conservação e terras indígenas), criadas com a finalidade de proteger o patrimônio ambiental e étnico-cultural. Estima-se que sofrem bloqueios totais ou parciais de uso quase 1,3 milhão de km^2 – cerca de 30% da área regional.

Pode-se dizer que o estudo lançou um olhar sobre o Norte do país através de uma espécie de "lupa geográfica" que possibilita o detalhamento das características demográficas e socioeconômicas da região das 24 APs. Seis situam-se no Pará, seis no Amazonas, quatro em Tocantins e duas em cada um dos estados restantes.

Mundo contemporâneo

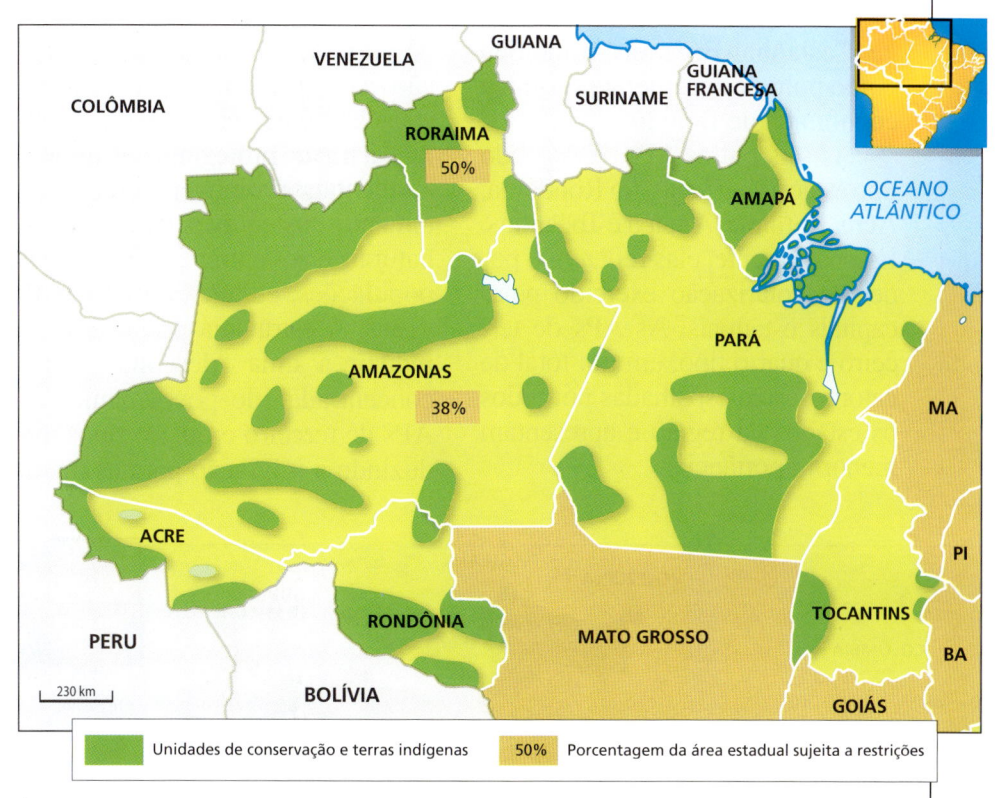

Áreas legalmente bloqueadas para usos produtivos

(Legenda: Unidades de conservação e terras indígenas | 50% Porcentagem da área estadual sujeita a restrições)

As APs foram classificadas em quatro tipos. O primeiro e mais importante abrange Manaus e Belém. As duas metrópoles concentram grande parte da população e do PIB de seus respectivos estados, que juntos abrigam 70% da população e geram cerca de dois terços do PIB regional. Em Belém vive um terço dos paraenses, e a cidade gera quase 45% do PIB estadual. Em Manaus a "macrocefalia" demográfica e econômica é ainda maior: quase 60% da população e cerca de 85% do PIB.

No segundo tipo estão oito APs, entre as quais duas no Pará: Tucuruí-Marabá e Castanhal--Bragança. A primeira concentra cerca de 20% da população e gera 30% do PIB estadual. Sua importância demográfica e econômica está relacionada, principalmente, aos efeitos da presença da Usina Hidrelétrica de Tucuruí, à atividade de extração mineral na Serra dos Carajás e ao avanço da agropecuária moderna. Já a AP de Castanhal-Bragança funciona como polo de complementaridade econômica de Belém.

As seis outras APs de segundo tipo estão localizadas em Rondônia, Acre, Roraima, Amapá e Tocantins. Essencialmente, elas refletem o poder de polarização exercido pelas capitais estaduais. As APs de terceiro e quarto tipo, em um total de catorze, estão espalhadas por todos os estados da região e apresentam menor importância.

A principal conclusão do estudo é que a ocupação e a valorização econômica do Norte deve ser espacialmente seletiva e descontínua, a fim de proteger o patrimônio ambiental, promover o aproveitamento sustentável dos recursos naturais e assegurar a proteção das populações, culturas e terras indígenas. A estratégia proposta deve induzir a uma "desconcentração concentrada" do povoamento nas APs de terceiro e quarto tipos, reduzindo a migração para as maio-

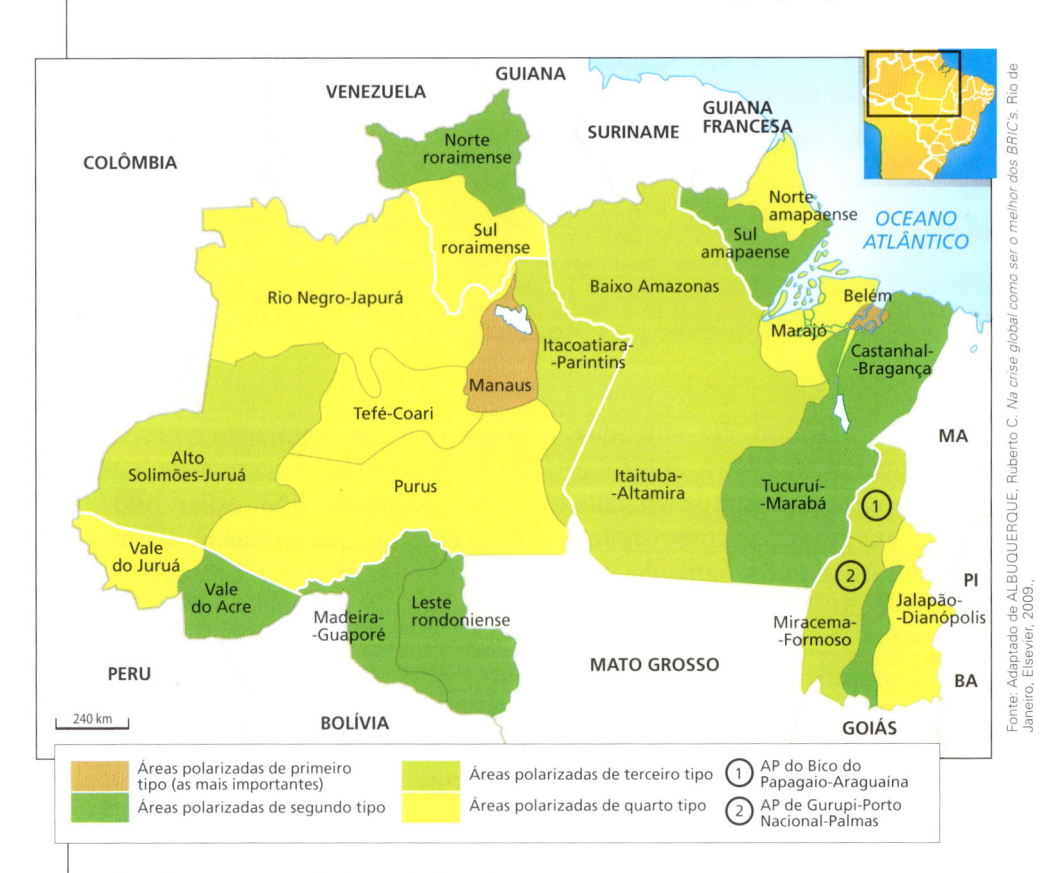

Fonte: Adaptado de ALBUQUERQUE, Ruberto C. Na crise global como ser o melhor dos BRIC's. Rio de Janeiro, Elsevier, 2009.

- Áreas polarizadas de primeiro tipo (as mais importantes)
- Áreas polarizadas de segundo tipo
- Áreas polarizadas de terceiro tipo
- Áreas polarizadas de quarto tipo
- (1) AP do Bico do Papagaio-Araguaína
- (2) AP de Gurupi-Porto Nacional-Palmas

Regiões geoeconômicas do Nordeste

res cidades e fortalecendo centros urbanos menores, nas faixas de fronteiras internacionais do país.

A proposta de divisão sub-regional vem acompanhada por uma série de metas de desenvolvimento: estimular a pesquisa em biotecnologia, promover o uso sustentável da biodiversidade, induzir a uma mudança do paradigma produtivo, apoiar um novo tipo de extrativismo, controlar a mineração predatória, dar ênfase à bioindústria com matérias-primas fornecidas pela floresta e incentivar o ecoturismo. A lista de metas enfrentará, evidentemente, um grande obstáculo para sua implementação: os poderosos e conflitantes interesses envolvidos.

Há diferenças e semelhanças entre a nova proposta e o Plano Amazônia Sustentável (PAS), lançado pelo governo federal em 2004. Uma das principais diferenças é de cunho espacial, já que o estudo do IPEA/IBGE tem como base a região Norte, enquanto o PAS usa como referência o conceito de Amazônia Legal. As semelhanças encontram-se nas estratégias e nos objetivos a serem alcançados. De maneira geral, nos dois casos, acredita-se que a preservação ambiental dependa do desenvolvimento econômico e social e que um desenvolvimento de caráter sustentável dependa do impulso da modernização tecnológica.

As doze maiores metrópoles brasileiras

Um estudo lançado pelo IBGE intitulado Regiões de Influência das Cidades – 2008, estabelece uma hierarquia dos doze principais centros urbanos do país. Entre as várias constatações presentes nessa nova publicação, chama a atenção a distância entre São Paulo e as demais metrópoles no que se refere às dimensões econômicas de suas áreas de influência.

Não apenas por sua população (19,5 milhões de habitantes em 2007), mas sobretudo pela influência sobre outras cidades e regiões, algumas a mais de 3,5 mil quilômetros de distância, a região metropolitana de São Paulo é a única a receber a denominação de grande metrópole nacional, de acordo com a classificação adotada pelo IBGE.

Sua área de influência abrange o estado de São Paulo, parte do Triângulo Mineiro e do Sul de Minas Gerais estende-se por Mato Grosso do Sul, Mato Grosso, Rondônia e Acre. Os 1.028 municípios sob influência de São Paulo abrigam cerca de 28% da população brasileira e são responsáveis por aproximadamente 40,6% do PIB do país.

Em um segundo nível hierárquico de identificação de redes urbanas, que o IBGE denominou de "metrópole nacional", estão Rio de Janeiro (11,8 milhões de habitantes na área metropolitana e 14,4% do PIB nacional) e Brasília (3,2 milhões de habitantes, 6,9% do PIB).

Os outros nove núcleos urbanos mereceram uma terceira classificação, batizada simplesmente de "metrópole". Entre eles, alguns têm maior peso na geração do PIB nacional do que Brasília, como são os casos de Curitiba (9,9%), Porto Alegre (7,4%) e Belo Horizonte (7,5%). Mas estão com classificação inferior à de Brasília por causa dos critérios que o IBGE emprega para estabelecer a hierarquia dos grandes centros urbanos.

Entre esses critérios estão, por exemplo, a presença de órgãos públicos, a localização de grandes empresas, a oferta de vagas no ensino superior e nos serviços de saúde e a existência de emissoras de televisão aberta com programação própria. Na administração pública, o estudo procurou identificar as relações de subordinação administrativa na área federal.

No setor privado, buscou-se a localização das sedes e das filiais das grandes empresas para tentar estabelecer a relação de dependência de uma unidade em relação à outra. Neste último aspecto, pode-se constatar a grande concentração do poder econômico das cidades de São Paulo e Rio de Janeiro. A primeira abriga cerca de 73% das sedes das quinhentas maiores empresas, enquanto a segunda sedia 23% delas.

Do cruzamento dessas informações resultaram muitas áreas de influência urbana superpostas. Por exemplo, certas regiões de Minas Gerais, como a área conhecida como Zona da Mata Mineira, são influenciadas tanto por Belo Horizonte como pelo Rio de Janeiro.

O estudo identificou também um terceiro nível de núcleos urbanos, denominado "capitais regionais", que correspondem a setenta centros que se relacionam com as metrópoles mas influenciam um número variável de aglomerados urbanos de níveis inferiores. Em um nível ainda menor, o IBGE apontou a existência de 169 centros sub-regionais, com atividades menos complexas e com área de influência mais reduzida; outras 556 cidades foram consideradas centros de zona, com atuação restrita a alguns poucos municípios vizinhos. Por fim, as demais 4.473 cidades que são sedes de municípios foram consideradas centros locais, cuja atuação não vai além de seus próprios limites municipais.

O peso demográfico* e econômico* das doze maiores metrópoles brasileiras		
Metrópole	% da população	%do PIB
São Paulo	28,0	40,6
Rio de Janeiro	11,3	14,4
Brasília	2,5	4,3
Manaus	1,9	1,7
Belém	4,2	2,0
Fortaleza	11,2	4,5
Recife	10,3	4,7
Salvador	8,8	4,9
Belo Horizonte	9,1	7,5
Curitiba	8,8	9,9
Porto Alegre	8,3	9,7
Goiânia	3,5	2,8

Fonte: IBGE
*Obs.: a soma não perfaz 100% por conta de superposição de áreas de influência das diferentes metrópoles.

Água em todas as direções

Quando se observa um mapa dos principais rios brasileiros, percebe-se que no interior do Centro-Oeste correm cursos fluviais para todas as direções. Por isso, o chamado Planalto Central é o mais importante dispersor de águas da rede hidrográfica brasileira. Quatro grandes bacias hidrográficas drenam áreas do Centro-Oeste mais ou menos equivalentes.

A Bacia Amazônica drena a parte centro-norte do estado de Mato Grosso através de vários afluentes da margem direita, como os rios Xingu, Juruena e Teles Pires, entre outros. A porção leste de Mato Grosso, o centro-norte e o oeste de Goiás são atravessados pelos rios da Bacia do Tocantins-Araguaia. O centro-sul de Goiás e o centro-leste e o sul do Mato Grosso do Sul são cortados pelos rios da Bacia do Paraná. Por fim, toda a parte sul de Mato Grosso e o norte-ocidental do Mato Grosso do Sul são atravessados por rios da Bacia do Paraguai.

Os rios dessa bacia não cruzam exclusivamente as unidades federativas do Centro-Oeste, mas estendem-se por outras regiões do Brasil e também por nações vizinhas. Isso atribui ainda maior importância à rede hidrográfica do Centro-Oeste: vários países sul-americanos, entre os quais o Brasil, têm enorme interesse em incrementar a navegação fluvial.

A importância da rede hidrográfica no Centro-Oeste remonta ao período colonial, quando o garimpo de ouro e de diamante realizava-se em grande parte ao longo dos rios. Estes constituíam um dos principais meios de locomoção daqueles que buscavam enriquecer rapidamente no interior do Brasil. Os garimpeiros, assim como os bandeirantes que se dirigiam ao território mato-grossense, vindos especialmente de São Paulo, utilizavam os cursos fluviais do chamado "caminho das monções", prolongado, em terras do Centro-Oeste, por rios como Pardo, Coxim, Paraguai, Cuiabá etc.

A pecuária, outra atividade que evoluiu paralelamente e depois se sobrepôs à mineração, teve sua expansão associada à hidrografia, à medida que os eixos de penetração do povoamento se verificavam ao longo dos vales. Os principais núcleos urbanos que se originaram na região estavam quase sempre junto às margens dos rios. Desde a época colonial até o século XX, muitos rios constituíram as mais eficientes vias de transporte com que contavam extensas áreas do Centro-Oeste.

Mundo contemporâneo

Ao contrário do que ocorre em outras regiões do país, os divisores de água do Centro-Oeste nem sempre separam de forma nítida uma bacia hidrográfica de outra. Isto decorre do fato de que, na região, uma parte considerável das elevações é constituída por formas de relevo cujo "topo" é marcado por grande horizontalidade.

Em razão desse aspecto morfológico, é possível que os altos vales e as nascentes de rios de diferentes bacias se localizem tão próximos uns dos outros, que os cursos fluviais se dirijam, indiferentemente, para uma ou outra bacia. Esse "embaralhamento" de rios de bacias hidrográficas diferentes é conhecido como

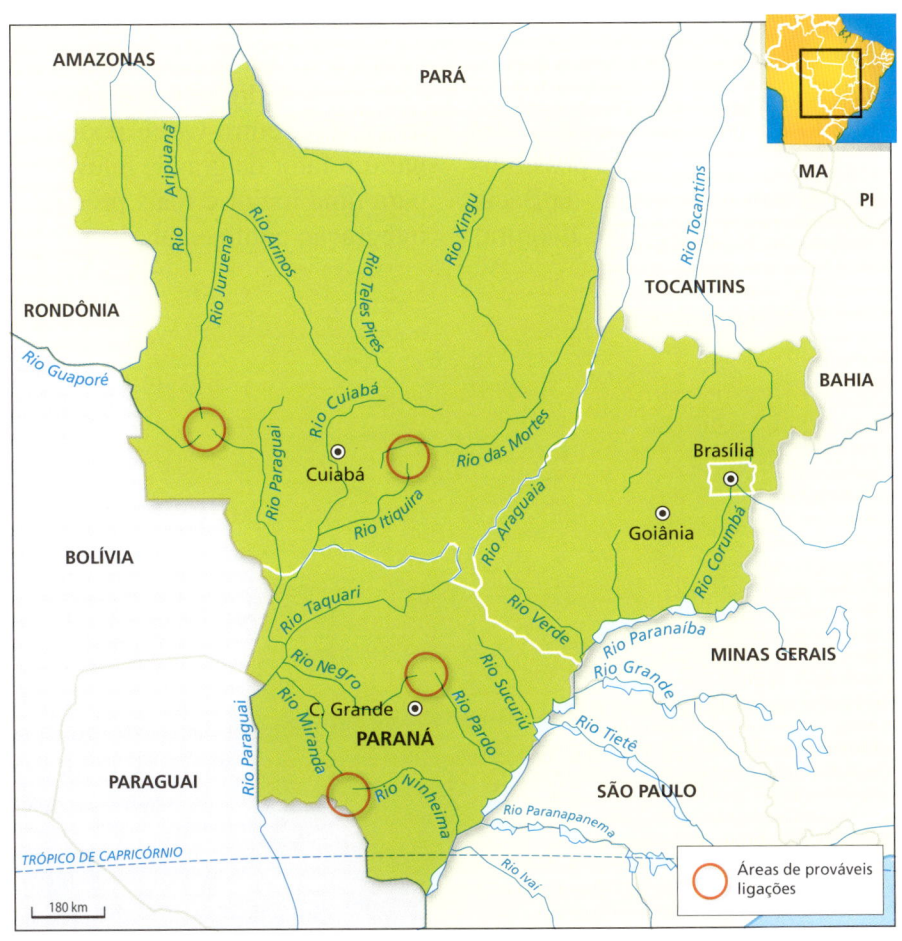

Dispersando e emendando águas

"águas emendadas", podendo eventualmente facilitar obras que proponham estabelecer ligações fluviais.

Por exemplo: seriam possíveis pelo menos duas ligações entre a Bacia Amazônica e a do Paraguai. Uma delas poria em contato o Rio Guaporé (afluente do Amazonas) com afluentes de pequeno porte do Rio Paraguai. A outra, ocasionalmente, ocorreria na porção oriental da Chapada dos Parecis, onde existe um grande brejo, resultado da mistura de rios das duas bacias. Há ainda a possibilidade de ligação dos rios da Bacia Platina (São Lourenço e Itaquira) com os da Bacia do Tocantins (rios das Mortes e do Araguaia).

Pode-se, além disso, viabilizar a ligação entre rios importantes de uma mesma bacia, aproveitando da proximidade entre altos cursos de afluentes. É o caso de uma possível ligação entre o Paraná e o Paraguai, ambos da Bacia Platina, através do Rio Pardo (afluente do Paraná) e do Coxim (afluente do Paraguai).

No momento em que já funciona a Hidrovia Tietê-Paraná, a integração hidrográfica através de terras do Centro-Oeste pode tornar um fator de grande relevância para uma maior e mais produtiva integração continental.

Mundo contemporâneo

O Brasil e o Atlântico Sul

Costuma-se considerar Atlântico Sul a área marítima que se estende desde a linha do Trópico de Câncer até a Antártida. Nessa região, o comércio sempre foi intenso, mas sua importância aumentou significativamente quando em 1967 foi fechado o Canal de Suez, no norte da África, em decorrência da Guerra dos Seis Dias, entre árabes e israelenses.

Com o fechamento do canal, que perdurou até 1975, os navios petroleiros vindos do golfo Pérsico tiveram de contornar o sul do continente africano pela chamada "rota do Cabo". Mesmo após a reabertura do canal de Suez, esse esquema não mudou muito, pois os novos petroleiros – os superpetroleiros –, construídos durante a época da interdição, passaram a ter maior capacidade e a exigir uma profundidade e espaço de manobra superiores às dimensões do canal.

Atualmente, uma parcela significativa do petróleo mundial e de inúmeras matérias-primas circula pelo Atlântico Sul. Essa região do Atlântico é pontilhada de ilhas que, em sua maior parte, são controladas pelos Estados Unidos ou seus aliados, especialmente a Grã-Bretanha. São exemplos de ilhas ao sul da linha do Equador os arquipélagos das Malvinas (ou Falklands), Ascensão, Tristão de Cunha, Santa Helena, entre outros.

Durante muito tempo o Atlântico Sul foi um "mar de tranquilidade" para os interesses norte-americanos. Depois da Segunda Guerra Mundial, a região acabou inserida no contexto da Guerra Fria entre as superpotências (Estados Unidos e União Soviética). Isso pode ser comprovado pelos pactos militares de caráter continental que os Estados Unidos firmaram com os países da região, como foi o caso de Tiar (Tratado Interamericano de Ajuda Recíproca ou Pacto do Rio), e pelos acordos bilaterais de defesa mútua. Todos esses acordos e pactos visavam assegurar uma ajuda militar por parte dos norte-americanos em caso de agressão externa (entenda-se da União Soviética e seus aliados).

A partir dos anos 1960, a União Soviética começou a marcar presença no Atlântico Sul. Primeiro foi em Cuba (1959), depois em alguns pontos da costa africana, em algumas ex-colônias portuguesas, como Angola, em 1975, e, finalmente, em 1979, em um país do istmo da América Central com litoral atlântico, a Nicarágua.

A estratégia dos Estados Unidos diante do avanço soviético no Atlântico Sul teve duas táticas: ameaçar

Aquarelas brasileiras

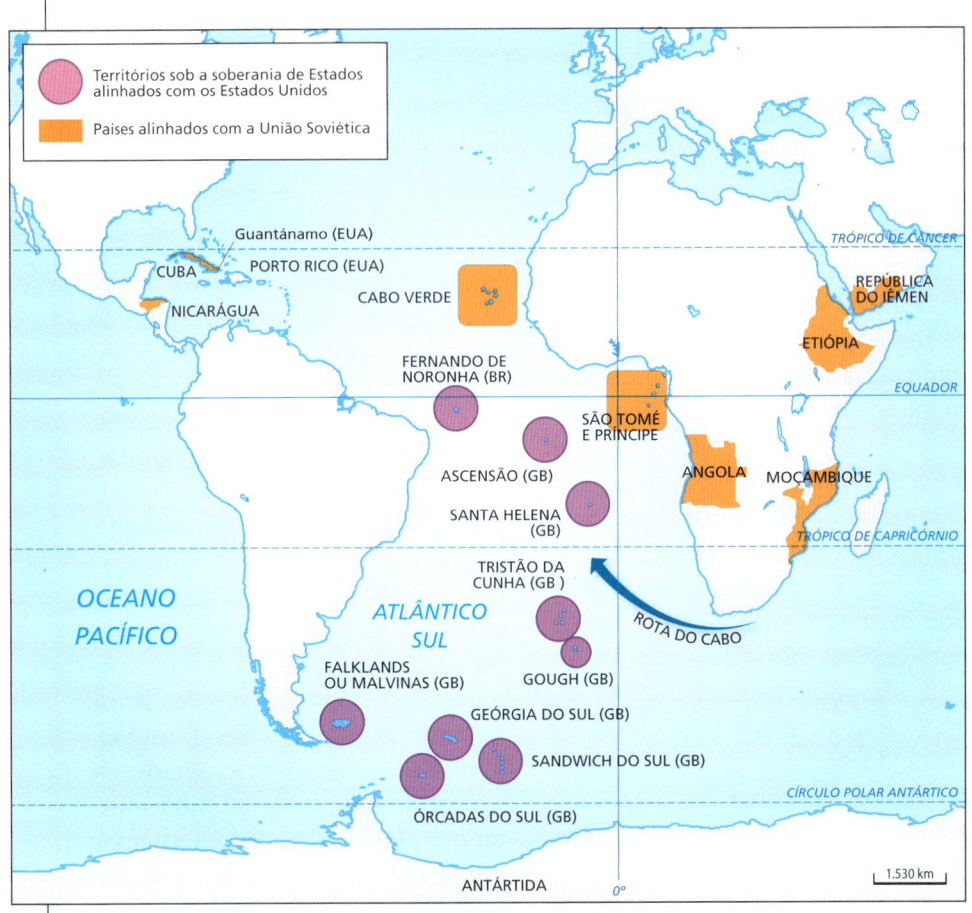

Geopolítica do Atlântico Sul (início dos anos 80)

com alguma forma de intervenção os países que haviam "mudado de lado" e pressionar todos os países do continente para que dessem respaldo político às ações que eventualmente seriam colocadas em prática pelos norte-americanos. Foi assim que os Estados Unidos financiaram uma fracassada tentativa de invasão a Cuba (a invasão da Baía dos Porcos, em 1961) e forneceram ajuda aos guerrilheiros da União Nacional para a Independência Total de Angola (Unita), contra o governo esquerdista de Angola, no poder desde 1975.

Na Nicarágua, a partir de 1981, os Estados Unidos passaram a sustentar a guerrilha dos contrarrevolucionários (ou "contra"), que combatiam o governo de esquerda que estava no poder. Já as invasões de Granada (1983) e do Panamá (1989) funcionaram como efeito-demonstração para os países que pretendessem sair da linha geopolítica traçada por Washington.

O Brasil desfruta uma importância estratégica bastante expressiva no Atlântico Sul. Isso decorre, entre outros aspectos, de sua posição geográfica no conjunto dos países banhados pelo Atlântico. Dos quase quarenta países com litoral nesse oceano, o Brasil é o que tem a maior costa marítima: 7.408 quilômetros.

Ao lado do Brasil, dois outros países usufruem uma importante posição estratégica no Atlântico Sul: a Argentina e a República da África do Sul. Em vista disso, os Estados Unidos tentaram formalizar, a partir dos anos 1960, um pacto de defesa mútua nos moldes da Organização do Tratado do Atlântico Norte (Otan), envolvendo esses três países. O objetivo, claro, era conter o expansionismo soviético na região.

Nessa época, tanto o Brasil como a Argentina consideravam que, se existia um fator de desestabilização no Atlântico Sul, esse fator era a política racista conduzida pelo governo sul-africano: o *apartheid*, fato que colocou por terra as pretensões dos Estados Unidos em constituir um pacto político-militar para o Atlântico Sul. Fora isso, o Brasil sempre demonstrou grande interesse em incrementar o comércio com países da África (especialmente as ex-colônias portuguesas), naturalmente contrários ao regime sul-africano.

O término da Guerra e o fim do *apartheid* em abril de 1994 permitiram uma gradativa aproximação político-diplomática entre a África do Sul e seus vizinhos do outro lado do Atlântico, especialmente o Brasil.

Estratégia de defesa nacional prioriza Amazônia e pré-sal

A criação da Frente Parlamentar de Defesa Nacional, em novembro de 2008, integrada por 227 parlamentares, teve como objetivo dar sustentação no Congresso para o Plano Estratégico de Defesa Nacional, elaborado pelo Ministério da Defesa. Será que o Brasil necessita de um plano como esse?

Seus defensores afirmam que sim, pois ele responde a uma necessidade estratégica do país. Nas últimas décadas, o Brasil cresceu e se desenvolveu, ampliando seu protagonismo internacional e ganhando peso nas decisões internacionais – ao mesmo tempo que permaneceram estagnadas suas estratégias de defesa. Os idealizadores do plano argumentam que ele foi concebido para funcionar como um escudo protetor para o desenvolvimento nacional.

Poucos países do mundo atualmente não reúnem suas forças armadas em um único órgão de defesa, subordinado ao chefe do Poder Executivo. No Brasil, até 1999, as três forças (Exército, Marinha e Aeronáutica) funcionavam com ministérios distintos. A ideia de um Ministério da Defesa que integrasse essas três forças militares é antiga, mas só em 1995 o assunto veio à tona, quando o então presidente Fernando Henrique Cardoso anunciou em seu plano de governo que estava prevista a criação do ministério.

Nos anos seguintes, realizaram-se estudos que definiram as diretrizes para a implantação do novo ministério. Em janeiro de 1999 foi nomeado um ministro extraordinário da Defesa, incumbido da implantação do órgão, e cinco meses depois criou-se oficialmente o novo ministério. Desde sua criação, o cargo de ministro de Defesa tem sido exercido por um civil. A mensagem simbólica é que os homens com armas estão subordinados aos representantes eleitos pelo povo, algo relevante em um país que conheceu duas décadas de ditadura militar.

Os temas geopolíticos e estratégicos permaneceram, durante muito tempo, mais ou menos restritos à oficialidade militar e à Escola Superior de Guerra (ESG). Com o Ministério da Defesa, ampliou-se o intercâmbio de ideias entre militares e civis. As universidades e os políticos passaram a participar da formulação de conceitos sobre a segurança nacional e a defesa.

A nova Estratégia Nacional de Defesa é baseada em três grandes

Mundo contemporâneo

eixos. O primeiro deles diz respeito à reorganização das Forças Armadas, no sentido de que elas desempenhem de forma mais efetiva sua destinação e atribuições constitucionais, tanto na paz como em caso de guerra. Do ponto de vista da distribuição geográfica das Forças Armadas, o plano indica que o Exército deverá ter seu núcleo central em Brasília, pois estando na região central do país seus efetivos podem se deslocar com maior rapidez para as demais regiões.

A Marinha deverá ampliar sua influência nas bacias hidrográficas do Amazonas e Platina, áreas que o país compartilha com quase todos os vizinhos da América do Sul. Ela deverá também estar cada vez mais presente no litoral e em águas territoriais, especialmente na faixa do pré-sal, faixa marítima localizada entre os estados do Espírito Santo e de Santa Catarina. Serão também ampliados os sistemas de vigilância das instalações navais e portuárias, arquipélagos e ilhas. Caberá à Força Aérea atuar em auxílio ao Exército e à Marinha, adequando a localização de suas unidades de transporte aéreo a fim de propiciar rápido apoio às demais forças.

O contingente militar deverá ser ampliado junto às fronteiras terrestres com as Guianas e Venezuela e na região conhecida como "Cabeça de Cachorro". Esta área, onde ficam nossas fronteiras com a Colômbia, o Peru e a Bolívia, merecerá maior atenção por conta de crimes internacionais, especialmente os relacionados ao narcotráfico. A intensificação da presença militar junto às frontei-

Plano de defesa: regiões estratégicas

ras da porção setentrional do país não está ligada somente a eventuais ameaças externas; ela também se destina a fiscalizar, no território brasileiro, áreas legalmente demarcadas interditas à livre ocupação (unidades de conservação e terras indígenas), estabelecidas para proteger o patrimônio ambiental e étnico-cultural.

O segundo grande eixo do plano refere-se à reorganização da indústria nacional de material bélico. O plano sugere a elaboração de um marco regulatório, com tributação especial para as empresas privadas de defesa, de modo que se assegure a continuidade nas compras públicas. O Estado passaria a ter um poder estratégico sobre as empresas, podendo impor listas de equipamentos de acordo com os interesses nacionais. Em contrapartida, haveria até mesmo a hipótese de liberação dessas empresas das regras gerais das licitações públicas.

Uma grande ênfase é dada à meta de compartilhar o conhecimento das tecnologias sensíveis de defesa nas parcerias com empresas estrangeiras. Essas parcerias deverão se basear no critério de cooperação e atender ao objetivo de ampliar as capacitações tecnológicas nacionais, reduzindo a dependência de insumos bélicos produzidos no exterior.

O terceiro eixo do plano diz respeito à composição das forças militares de defesa. A proposta é que seja mantido o serviço militar obrigatório, mas sugere-se que as Forças Armadas sejam as responsáveis pela seleção dos mais bem preparados. Tal seleção será pautada por dois critérios: a combinação do vigor físico com a capacitação analítica e a representatividade de todas as classes sociais e regiões do país. Os que não forem incorporados ao serviço militar poderão prestar serviços sociais, atividades que poderão ser realizadas em regiões diferentes das de origem dos convocados.

A estratégia proposta tem o horizonte de cinquenta anos e envolve uma revisão nos recursos do orçamento nacional destinados ao plano, além de exigir estreita cooperação entre vários ministérios. Dada a complexidade do tema, dos obstáculos e dos interesses envolvidos, as discussões para a aprovação do Plano de Defesa certamente se estenderão por um longo tempo.

Focos de pobreza no Centro-Sul do Brasil

As desigualdades sociais e a pobreza atravessam tanto os países pobres quanto os ricos. Nos primeiros, pequenas ilhas de prosperidade pontilham oceanos de pobreza. Nos segundos, o oceano de prosperidade contrasta com arquipélagos de exclusão social. A análise aplica-se também em escala regional. No Sudeste e no Sul do Brasil, regiões com maior desenvolvimento econômico e social, encontram-se expressivos bolsões de pobreza.

Nas últimas décadas, estudos sobre a pobreza evidenciaram a existência de dois padrões diferentes de exclusão social. O primeiro, designado como "antigo", identifica segmentos que sempre estiveram excluídos. O segundo, denominado "recente", refere-se a segmentos que em algum momento da vida já estiveram incluídos.

Analisados pelo ângulo da concentração de renda, as desigualdades sociais brasileiras encontram-se entre as mais dramáticas do mundo. O rendimento dos 10% mais ricos da população é cerca de vinte vezes maior que o rendimento médio dos 40% mais pobres. Pior: o total de renda dos 50% mais pobres é inferior ao total de renda do 1% mais rico. As profundas desigualdades sociais brasileiras manifestam-se geograficamente sob a forma de desigualdades regionais.

Recentemente, o Programa das Nações Unidas para o Desenvolvimento (Pnud) lançou o *Atlas do Desenvolvimento Humano no Brasil*, que em linhas gerais confirmou as constatações do *Atlas da exclusão social*, publicado um pouco antes por um grupo multidisciplinar de cientistas sociais brasileiros. Esses trabalhos oferecem uma detalhada cartografia da pobreza brasileira.

Em conjunto, as regiões Sudeste e Sul abrigam cerca de 57% da população nacional e geram mais de três quartos do PIB brasileiro. Dos mais de 5.500 municípios existentes no país, cerca de metade localiza-se nessas duas regiões. Contudo, entre os 2.290 municípios que exibem os maiores índices de pobreza, 72,1% localizam-se na região Nordeste. No Sudeste, eles são 10,4% e, no Sul, apenas 1,6%. Os estados de Minas Gerais e do Paraná concentram cerca de 90% desses municípios com elevados índices de pobreza do Sudeste e do Sul.

Aquarelas brasileiras

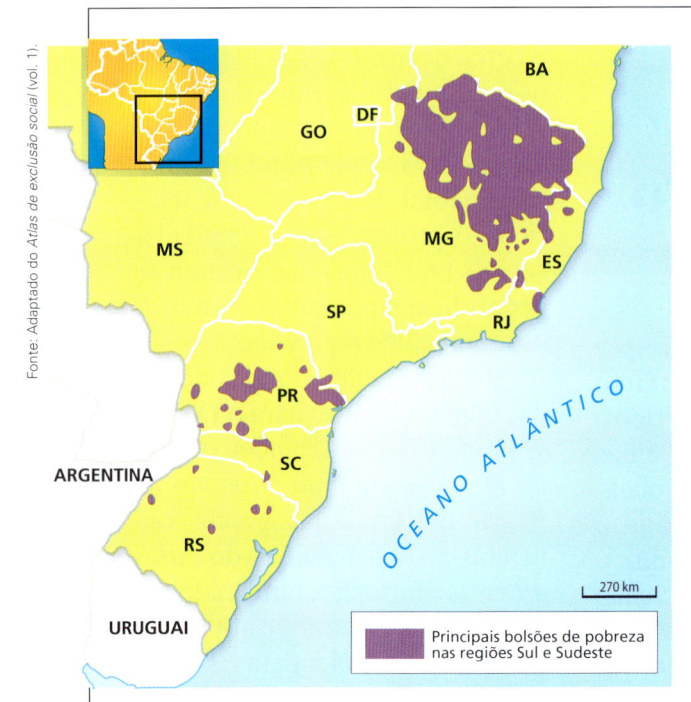

A pobreza nas regiões mais ricas do país

e encontra-se na área de atuação da Superintendência do Desenvolvimento do Nordeste (Sudene), órgão extinto em 2000 e recriado recentemente. Nos últimos anos, por conta de incentivos concedidos pelo governo federal e com a introdução de técnicas agropecuárias mais modernas é que a pobreza vem sendo lentamente reduzida.

No Paraná, os municípios que apresentam os mais graves indicadores de pobreza localizam-se principalmente na porção centro-sul, sob a forma de manchas contínuas ou de focos isolados. Essa parte do estado ocupa a área denominada "Campos de Guarapuava", que se estruturou historicamente em função da atividade pecuarista e do extrativismo vegetal. Durante muito tempo, a área permaneceu isolada dos principais centros consumidores pela precária infraestrutura viária. Apesar da melhoria em sua acessibilidade e das transformações ocorridas em suas estruturas produtivas, o local ainda guarda características herdadas de seu processo de ocupação humana e valorização econômica.

Em Minas Gerais, uma extensa mancha praticamente contínua de municípios desse tipo localiza-se na porção centro-norte. Nessa área do território mineiro, a mais extensa e menos populosa do estado, a paisagem dominante apresenta-se como continuidade das presentes no semiárido nordestino. A atividade econômica tradicional é a pecuária extensiva. No interior dessa área periférica de Minas Gerais está o Vale do Jequitinhonha, um dos maiores bolsões de pobreza do país. Submetido a longos períodos sem chuva, o Vale do Jequitinhonha participa do chamado Polígono das Secas

Os demais estados do Sudeste e do Sul apresentam poucos

municípios com índices de extrema pobreza. Todavia, mesmo em São Paulo, o estado mais rico da Federação, pode-se identificar em sua porção meridional, um conjunto de municípios com expressivo grau de pobreza. É o caso do Vale do Ribeira, que, juntamente com sua área contígua do alto vale do Rio Paranapanema, abrange cerca de 15% do território paulista, conta com população de pouco mais de 1,5 milhão de pessoas e detém cerca de 80% das reservas naturais de Mata Atlântica do estado.

A situação social dessas áreas mais pobres do estado pode ser explicada principalmente pelo fato de elas terem permanecido à margem dos principais ciclos de acumulação de riquezas da economia paulista. Mas o Vale do Ribeira exibe uma importante diferenciação interna. O baixo vale, que corresponde em grande parte ao litoral sul de São Paulo, atravessa importantes transformações geradas fundamentalmente pela exploração de seu potencial turístico.

Os dois atlas são contribuições inestimáveis para a compreensão das dimensões geográficas da pobreza do país. Mas não se deve ignorar que se sustentam sobre uma base estatística municipal. Isso significa que são incapazes de detectar a heterogeneidade social intramunicipal. A limitação é especialmente importante nos casos dos municípios que abrigam grandes aglomerações urbanas.

As grandes cidades são universos caracterizados por fortes desigualdades sociais em seu interior. A massa de riqueza concentrada nas camadas de maior poder aquisitivo dos principais núcleos urbanos afeta intensamente os indicadores sociais, pois eleva bastante as médias. Ou seja, a presença de bairros nobres em grandes metrópoles, como Rio de Janeiro, Belo Horizonte, Curitiba, São Paulo e Porto Alegre, empurra para cima os indicadores sociais de conjunto. É por isso que as médias estatísticas devem ser encaradas com saudável desconfiança.

Literatura e cinema são duas referências da cultura contemporânea que têm caminhado juntas ao longo do tempo. São incontáveis os filmes baseados em obras literárias, assim como vários roteiros cinematográficos acabaram se transformando em livros.

De acordo com a temática, tanto a literatura como o cinema são divididos em segmentos que genericamente podem ser divididos em obras de não ficção e de ficção, com inúmeras subdivisões em cada um deles. Uma dessas subdivisões refere-se às obras que combinam ficção política com fatos e personagens reais.

O Extremo Oriente na visão de Hollywood

Reverenciado como a "Sétima Arte", o cinema se constitui num dos grandes elementos da "indústria cultural" contemporânea. Tem como principais centros de produção os Estados Unidos (especialmente Hollywood) e a Índia (em Bolywood, cidade de Mumbay, antiga Bombaim). Os indianos são os que mais produzem filmes no mundo, mas sua produção é pouco difundida no Ocidente. Já os norte-americanos, com seus astros, estrelas e efeitos especiais, se disseminaram, impuseram padrões e continuam influenciando corações e mentes em quase todo o mundo.

A cinematografia norte-americana produziu e continua produzindo filmes sobre diferentes tempos históricos e regiões do mundo. Tendo como pano de fundo o Extremo Oriente, existem centenas de filmes. Entre eles vale destacar dois.

O primeiro é *O último samurai* (Edward Ziwic, Japão/Nova Zelândia/EUA, 2003), que se passa em 1876 no Japão. O capitão Nathan Algren, personagem interpretado pelo astro Tom Cruise, é um desencantado veterano da Guerra Civil norte-americana que aceita uma proposta de treinar soldados japoneses em táticas bélicas com uso de armas de fogo para combater os samurais que não aceitavam o processo de centralização do poder nas mãos do imperador Matsuhito.

Após o primeiro combate contra os samurais, o americano é feito prisioneiro pelas forças do samurai Katsumoto (o ator japonês Ken Watanabe em grande atuação). Na convivência com Katsumoto e seus pares, ele passa a respeitar os valores tradicionais e o modo de vida dos locais, como também ganha o respeito de seus "anfitriões". Algren então muda de lado e passa a combater o governo que o havia contratado.

O último samurai é um filme com belas paisagens (filmadas na Nova Zelândia), uma ótima reconstituição de época e empolgantes cenas de batalha, embora a última delas um pouco exagerada. Mesmo ocorrendo em um contexto geográfico diferente, quem assistiu a *Dança com Lobos* (Kevin Costner, EUA, 1990) notará inúmeras semelhanças.

O segundo filme sobre o Extremo Oriente é *55 dias em Pequim* (Nicholas Ray, EUA, 1963). Ele se passa em 1900, durante a revolta dos *boxers* (nacionalistas chineses), que lutavam contra a presença e influência estrangeiras (britânica, norte-americana, francesa, russa, alemã e japonesa) na China. Nessa época o Império Chinês estava em plena decadência e desapareceria doze anos depois para dar lugar à República da China.

A trama do filme aborda o cerco feito pelos *boxers* às embaixadas estrangeiras em Pequim. O filme foi rodado na Espanha e tem uma visão colonialista e maniqueísta (como era relativamente comum na época), em que os "mocinhos" são os ocidentais (especialmente norte-americanos e britânicos) e os "bandidos" são chineses.

55 dias em Pequim não discute seriamente o que tantas forças militares estrangeiras estavam fazendo na China, mas possui algumas cenas que são um espetáculo à parte. Em uma delas, no início do filme, a câmara percorre do alto as várias embaixadas no momento em que são hasteadas as bandeiras nacionais e os sons dos vários hinos nacionais se misturam. Outra, também no início, mostra a chegada "triunfal" das forças dos Estados Unidos à área das embaixadas, tendo à frente um major, figura central do filme, vivida pelo ator Charlton Heston. É impressionante o olhar de superioridade mantido por esse personagem ao longo de todo o filme.

O último samurai e *55 dias em Pequim*, apesar de suas visões ocidentais, merecem ser assistidos, pois ensejam a discussão de momentos históricos importantes de duas grandes nações do Extremo Oriente: o início da Era Meiji, no Japão, e os estertores do Império Chinês.

A ficção de Frederick Forsyth

Esse "ramo" literário, dedicado à ficção política, tem no inglês Frederick Forsyth um dos autores de maior sucesso. As obras de Forsyth são verdadeiros roteiros cinematográficos, e várias delas foram transformadas em filmes, como *O dia do chacal* (Fred Zinnemann, Inglaterra/França, 1973) e *Cães de Guerra* (John Irving, EUA, 1981).

Seu livro de maior sucesso foi *O dia do chacal*. Publicado em 1971, a trama relata a tentativa de assassinato de Charles De Gaulle, então presidente da França, por um mercenário contratado por grupos de descontentes com a independência da Argélia. A ficção antecedeu a realidade: anos mais tarde o venezuelano Illich Ramirez Sanchez, o terrorista mais procurado do mundo, recebeu o apelido de Chacal.

Em *O punho de Deus*, a trama se passa em 1991, durante a Guerra do Golfo. *Ícone*, publicado em 1996, se passa no futuro (1999) e trata de graves problemas que assolavam a Rússia pós-soviética e poderiam levar o mundo a uma catástrofe nuclear. Já *O vingador* (2004) estabelece uma ponte entre as guerras da Bósnia e do Vietnã com os dias atuais. Em 2007, Forsyth produziu *O afegão*, em cuja trama central se tenta evitar que extremistas ligados à Al-Qaeda pratiquem um grande atentado.

Se por um lado certos heróis dos livros de Forsyth são quase super-homens e ele demonstra simpatia pelas ações bélicas empreendidas pela Grã-Bretanha e pelos Estados Unidos, por outro lado o detalhamento dos fatos e lugares relatados em seus livros é impressionante e, às vezes, até profético.

Por exemplo, em determinado ponto da trama de *O punho de Deus* há um relatório datado de fevereiro de 1991, elaborado pelo Grupo de Informações e Análises Políticas, endereçado a James Baker, então secretário de Estado do governo George H. Bush (pai de George W. Bush), presidente dos Estados Unidos na época. O relatório, que desaconselhava o governo americano a assassinar Saddam Hussein alertava:

"O resultado menos catastrófico da atual Guerra do Golfo e a eventual invasão do Iraque é, portanto, a sobrevivência no poder de Saddam Hussein, como único chefe de um Iraque unificado, embora militarmente emasculado, incapaz de qualquer agressão externa.

Por todos os motivos enunciados, este grupo recomenda a cessação de todos os esforços para assassinar Saddam Hussein, ou para marchar até Bagdá e ocupar o Iraque".

Ao que tudo indica, o ex-presidente George W. Bush não leu o livro de Forsyth.

Hollywood na África

Em 1974, o escritor inglês Frederick Forsyth publicou o livro *Cães de guerra*, uma trama sobre uma expedição de mercenários que almeja depor o ditador de uma fictícia república africana – Zíngaro. Livres de qualquer idealismo, tanto os mercenários como seus financiadores (grandes empresas e bancos internacionais) estão apenas interessados em explorar as ricas jazidas do país. Para manter as aparências, no entanto, julgam necessário obter a concessão de um governo mais benévolo que o do déspota então no poder. A história transita e interliga três universos: o do mundo dos negócios das grandes empresas, o do meio bancário internacional e o do submundo clandestino dos soldados da fortuna, como são denominados os mercenários.

Em 1981, a obra de Forsyth foi adaptada para o cinema, tendo como diretor John Irving. Dois outros filmes recentes tentaram captar as mazelas dos conflitos africanos, misturando ficção e realidade: *Senhor das armas* (Andrew Niccol, 2005) e *Diamantes de sangue* (Edward Zwick, 2006).

O primeiro é uma história sobre o mercado negro de armas. Yuri Orlov, um americano de origem ucraniana, vende armas contrabandeadas dos arsenais da antiga União Soviética em violentas zonas de guerra da África Ocidental. Ele luta para escapar de agentes da Interpol, de seus rivais no negócio e às vezes de seus clientes, incluindo sanguinários como o senhor da guerra da Libéria, Charles Taylor.

Já *Diamantes de sangue* se passa no final da década de 1990 em Serra Leoa. A trama começa quando um dos grupos em luta invade a aldeia do pescador Salomon Vandy, capturando-o e forçando-o a trabalhar como garimpeiro em um campo de mineração de diamantes. Lá Salomon encontra e esconde uma enorme pedra.

No momento em que isso acontece, forças do governo tomam o campo e prendem todos os que ali trabalhavam. Na cadeia está Danny Archer (o ator Leonardo Di Caprio), um ex-mercenário que contrabandeia diamantes. Danny descobre que Salomon escondeu um grande diamante e, quando os dois são libertados, ele lhe propõe um trato: o diamante enterrado em troca de ajuda para encontrar sua família, desaparecida desde o ataque guerrilheiro à sua casa. Então...

Quase sempre os filmes sobre a África são vistos pela ótica do ocidente "civilizado" em contraposição à "barbárie" africana, uma influência da época colonial. Apesar disso, é salutar que Hollywood, vez por outra, se lembre das tragédias que afligem o continente.

Literatura, cinema, realidade e ficção

No coração das trevas, o apocalipse

O polonês de nascimento Joseph Conrad (1857-1924) viveu grande parte de sua vida na Inglaterra e foi em inglês que escreveu *O coração das trevas*, obra considerada uma das mais importantes da literatura mundial.

Lançado em 1902, o livro tem como tema a viagem através do Rio Congo ao coração da África feita pelo personagem Marlow, com o objetivo de encontrar Kurtz, um comerciante de marfim que teria sido influenciado pela misteriosa magia do continente africano. Kurtz simboliza a história de um homem "civilizado" que entra em contato com as formas primitivas de vida.

Coração das trevas permite várias interpretações, que vão desde a dura crítica ao colonialismo até uma reflexão moral sobre o bem e o mal, aparentemente os pontos centrais da trama.

Em 1979, a obra de Conrad foi adaptada para o cinema por Francis Ford Coppola com o título *Apocalipse now*. A ação do filme não se passa na África como no livro, mas sim nas selvas do Sudeste Asiático, durante a Guerra do Vietnã (1964-1975).

Nessa trama adaptada, o coronel norte-americano Benjamin Willard tem como missão subir um rio do Camboja e matar o também coronel Walter Kurtz, um desertor das forças americanas que havia criado um exército de fanáticos selvagens.

O filme de Coppola tem uma cena antológica: a chegada de uma esquadrilha de helicópteros norte-americanos para tomar uma aldeia de guerrilheiros vietnamitas (os vietcongs). Um dos helicópteros carrega um alto-falante que executa em alto som "A cavalgada das Valquírias", uma das obras mais importantes de Richard Wagner, compositor clássico preferido de Hitler.

Curiosidades: rodado nas selvas das Filipinas, a produção de *Apocalipse* deveria ser finalizada em seis semanas, mas demorou quase um ano e meio. Durante as filmagens, Martin Sheen, o ator que interpretou o coronel Willard, sofreu um infarto e o diretor Coppola tentou se suicidar.

Apocalipse now é considerado, por muitos críticos, um dos mais importantes e alucinantes filmes de guerra de todos os tempos.

Tragédias balcânicas

Como não podia deixar de ser, a guerra da Bósnia ensejou a produção de obras literárias e cinematográficas que abordaram aspectos do conflito. Quanto às primeiras, talvez a mais emblemática tenha sido o *Diário de Zlata – a vida de uma menina na guerra*, de Zlata Filipovic.

O livro, um diário feito pela autora quando tinha apenas 10 anos de idade, relata suas dolorosas experiências passadas em Sarajevo entre os meses de setembro de 1991 e outubro de 1993, período em que se desenrolou a primeira fase do conflito que durou até 1995. Trata-se de um testemunho da coragem, fé e vida de uma criança em meio à guerra e seu cortejo de horrores.

Entre os inúmeros filmes que tiveram como tema esse conflito, dois merecem destaque: *Underground – mentiras de guerra*, do diretor Emir Kusturica (França/Iugoslávia, 1995), e *Terra de ninguém* (Denis Tanovic, Bósnia/Eslovênia/Itália/Reino Unido/Bélgica, 2001).

O primeiro, produzido no ano em que se encerrava a guerra da Bósnia, tem como pano de fundo a história da antiga Iugoslávia, desde a invasão nazista (1941) até a desintegração do país na década de 1990. Repleto de metáforas e simbolismos, sua melancólica cena final estabelece uma ponte entre o passado perdido e o futuro sem perspectivas.

Terra de ninguém foi vencedor do Oscar e do Globo de Ouro de melhor filme estrangeiro daquele ano, além de ter recebido o prêmio de melhor argumento no badalado Festival de Cannes. O filme se desenrola em torno de três personagens principais, dois muçulmanos e um sérvio que, por uma dessas ironias do destino, ficam isolados entre duas frentes inimigas (a terra de ninguém).

As situações, às vezes trágicas e por vezes cômicas, vividas pelos personagens principais tornam-se bizarras com as tentativas de soldados da ONU de resolver a situação e a volúpia da imprensa em explorar, a todo custo, as tragédias humanas.

Kosovo...

Quando se fala em Kosovo ou Albânia, e mesmo na Península Balcânica como um todo, a atenção recai imediatamente na violência das guerras que há anos vêm abalando a região. Mas as conturbadas disputas políticas e territoriais do século XX encobrem a lembrança de que, há mais de 2 mil anos, os povos que ali habitavam faziam parte das centenas de cidades-estado que se desenvolveram sob a liderança de Atenas.

Uma lista de "albaneses famosos" publicada na Internet traz, ao lado de Madre Tereza de Calcutá e da atriz de cinema Marisa Tomei, os improváveis nomes de Zeus e Alexandre, o Grande. Esse convívio da herança mítica de um passado grandioso com o atraso causado por décadas de pobreza e ditaduras é o tema fundamental da obra de Ismail Kadaré, o maior escritor albanês contemporâneo.

Leal ao regime comunista instaurado em seu país após a Segunda Guerra Mundial, Kadaré foi um dos raros albaneses autorizados a viver em Paris, onde continuou a escrever em sua língua materna romances como *O dossiê H*, *Três cantos fúnebres para o Kosovo*, *Concerto no fim do inverno* e *O palácio dos sonhos*, nos quais busca respostas para o destino trágico de seu povo. Diante da situação paradoxal da Albânia, a literatura de Kadaré encontra na descrição dos conflitos regionais a universalidade pretendida outrora pelas tragédias e epopeias épicas da Antiguidade.

Por exemplo, em *Abril despedaçado*, outra obra de Kadaré, um jovem se vê em meio a uma secular briga entre famílias. Obrigado a cumprir o código de honra da vingança pelo sangue, ele reflete sobre o destino que o transformará em assassino, condenando-o também a uma morte certa, em um ciclo que parece nunca ter fim. Esse romance, que tão bem retrata a raiz dos conflitos étnicos entre sérvios, croatas e albaneses, foi filmado pelo cineasta brasileiro Walter Salles Júnior. Mas em vez dos Bálcãs a ação se passa no sertão baiano da década de 1920. Resta esperar que as semelhanças entre o Brasil e a Albânia não se ampliem para além da ficção.

Histórias da Rússia

Leon Tolstoi, um dos mais importantes escritores clássicos da literatura russa e mundial, publicou livros famosos como *Guerra e paz* e *Ana Karenina* (ambos transformados em filmes de sucesso), cujos enredos têm como pano fundo a época do Império Russo. Mas ele também escreveu *Kadji Murat*, uma obra pouco conhecida, que relata a resistência chechena contra o avanço do Império Russo no século XIX.

Em 1996, Frederick Forsyth publicou *Ícone*, cuja trama se desenvolve em 1999 numa Rússia caótica e empobrecida. O livro começa assim: "Era o verão em que o preço de um pão pequeno passava de um milhão de rublos. Era o verão do terceiro ano consecutivo de fracassos das colheitas e o segundo de hiperinflação. Era o verão (...) em que os primeiros russos começaram a morrer de desnutrição. Era o verão de 1999".

Ao escrever esse livro de ficção política, Forsyth tinha como referência a caótica realidade vivida pela Rússia nos primeiros anos após o fim da União Soviética. Políticos corruptos, generais inescrupulosos, magnatas ambiciosos e ação de máfias (inclusive chechenas) compõem o pano de fundo da história.

Vários filmes também trataram da Rússia pós-soviética. Um dos mais interessantes é *O pacificador* (Mimi Leder, EUA, 1997). A trama começa com um misterioso acidente de trens na Rússia. Um dos trens carregava ogivas nucleares, e o acidente nada mais foi que uma cortina de fumaça para o roubo de artefatos nucleares que então seriam usados em um atentado contra a ONU, nos Estados Unidos.

Para impedir que isso aconteça, juntam-se uma especialista norte-americana em armamento nuclear (interpretada por Nicole Kidman) e um experiente oficial das Forças Especiais do país (interpretado pelo galã George Clooney). Eles tentam deter a conspiração que tem ramificações em vários países da Ásia e Europa.

Dramas afegãos

Nos últimos anos, passaram a ser publicados livros tendo o Afeganistão como tema, criando uma espécie de "afeganomania" entre leitores que queriam saber mais desse país, até então praticamente desconhecido. Um desses livros foi *O caçador de pipas*, de Khaled Hosseini, escritor de origem afegã, que por muito tempo esteve na lista dos mais vendidos no Brasil, sendo considerado a obra mais vendida no mundo em 2008. Tendo como pano de fundo a história do Afeganistão de 1978 até o início do século XXI, o livro mostra inicialmente a amizade de dois garotos (Amir, um pashtun, e Hassam, um hazará) que têm em comum a paixão por filmes americanos de ação e por pipas.

As turbulências políticas vividas pelo Afeganistão e dramas pessoais levam à separação dos dois amigos. Amir foge com sua família e passa a viver nos Estados Unidos, onde se torna um bem-sucedido escritor. Ele só reencontrará seu amigo de infância na figura do filho de Hassam, que ele consegue resgatar do caos afegão. Em 2007, o livro de Hosseini foi transformado em filme com a direção de Marc Foster, usando locações na China para simular o cenário afegão.

Em seguida, Hosseini publicaria *A cidade do sol*, a história de duas mulheres, Mariam e Laila, cujos destinos se cruzam em meio ao caos vivido no Afeganistão. Tendo também como pano de fundo a história recente do país, *A cidade do sol* mostra a condição das mulheres em um país muçulmano que passou e ainda passa por grandes transformações políticas, sociais e culturais.

Já em *O afegão*, excelente livro de Frederick Forsyth, a trama é mais "geopolítica". Os serviços secretos dos Estados Unidos e britânico descobrem que a Al-Qaeda está planejando um grande atentado, mas não se sabe quando e onde ele se realizará.

Para tentar desvendar os detalhes desse sinistro plano é destacado o coronel Mike Martin, oficial britânico nascido e criado no Iraque, fisicamente parecido com homens do Oriente Médio e fluente em árabe. Ele será intensivamente treinado e tentará se infiltrar na organização de Bin Laden, assumindo a identidade do afegão Izmat Khan, oficial do Talibã que havia sido capturado pelos norte-americanos fazia cinco anos e estava sendo mantido encarcerado na prisão, primeiramente em Abu-Ghraibi (Afeganistão) e depois em Guantánamo (Cuba).

Apesar de suas posições totalmente pró-ocidentais, o livro de Forsyth prende a atenção da primeira à última página, e sua extraordinária pesquisa de lugares, fatos e personagens induz seus leitores a adentrarem o universo do terrorismo e dos conflitos contemporâneos.

A Questão Palestina em Munique e Paradise Now

O Oriente Médio é uma região marcada por conflitos e tensões geopolíticas constantes. Mais ou menos até a década de 1950, os filmes que tinham como referência a região tratavam de lendas e exóticas aventuras do passado. *Simbad, o marujo*, *Aladim e a lâmpada maravilhosa*, *Ali Babá e os quarenta ladrões* foram exemplos dessa época.

Desde então, muitos filmes sobre a região passaram a abordar temas mais contemporâneos ligados aos conflitos e tensões que ali eclodiam. Em 2005, foram lançadas duas polêmicas obras cinematográficas abordando aspectos da Questão Palestina: *Munique* e *Paradise Now*.

O primeiro, do diretor Steven Spielberg, recebeu cinco indicações para o Oscar de 2005 e tem como temática um fato histórico: o esquema de vingança montado por Israel após o ataque do grupo palestino Setembro Negro a atletas israelenses na Olimpíada de Munique de 1972. A então primeira-ministra de Israel, Golda Meir, convoca a cúpula de seu governo para planejar uma vingança exemplar: assassinar importantes líderes árabes que teriam sido mentores do atentado.

Totalmente sigilosa, a missão é entregue a Avner, agente do serviço secreto e ex-segurança da ministra. Ele é encarregado de comandar uma equipe de agentes que sairá à caça dos onze nomes escolhidos. Porém, quanto mais Avner se entrega à sua missão, mais se desencanta ao tomar contato com a enorme sujeira política que comanda todo o negócio da espionagem.

Do diretor palestino radicado na Holanda Hany Abu-Assad, *Paradise Now* foi, em 2005, ganhador do Globo de Ouro de melhor filme estrangeiro. Também foi laureado com prêmios no festival de Berlim, além de ser indicado ao Oscar de melhor filme estrangeiro nesse mesmo ano.

Embora escorado em dados da realidade, *Paradise Now* é uma obra ficcional, filmada em Nablus (cidade da Cisjordânia), que acompanha as últimas horas de vida dos palestinos Khaled e Said, amigos de infância recrutados como homens-bomba para realizar um atentado em Israel. Levados à fronteira com bombas presas ao corpo, eles acabam se perdendo um do outro. Separados, têm de enfrentar seu destino e suas próprias convicções.

Por seus aspectos convergentes e divergentes, *Munique* e *Paradise Now* são películas imperdíveis e polêmicas que levam o espectador a refletir sobre a complexa e inextricável Questão Palestina.

Sobre guerras e muros

É voz corrente que a história dos conflitos é quase sempre contada pela ótica dos vencedores. De certa forma, grande parte dos filmes que tratam de conflitos segue esse padrão. Mas deve-se reconhecer que há obras cinematográficas que tentam abordar as guerras sob outro ângulo. Nesse sentido, seguem algumas sugestões.

A primeira delas é *Nada de novo no front*, do diretor Lewis Milestone (1895-1980), película ganhadora do Oscar de melhor filme e diretor em 1930. Baseado no livro homônimo do escritor alemão Erich Maria Remarque (1898-1970) publicado em 1929, o filme é considerado por uma multidão de críticos o melhor filme de guerra antibélico da história do cinema. Remarque foi perseguido pelo nazismo e sua obra queimada em praças públicas na Alemanha. Hitler cassou-lhe a nacionalidade alemã em 1933, o que o levou a fugir do país e naturalizar-se norte-americano em 1939.

A obra de Milestone retrata a Primeira Guerra Mundial vista pelos olhos de um soldado alemão que vai para a guerra imbuído de enorme patriotismo e experimenta os horrores inerentes aos conflitos. A mensagem do filme é a de que um inocente não sobrevive num campo de batalha e que na guerra não há vencedores, apenas vencidos.

Dada a época em que foi realizado, o filme é em preto e branco, sem os espetaculares efeitos especiais das películas atuais. No entanto, as cenas dos combates em que a câmera faz o papel dos olhos de soldados que manejavam metralhadoras para atirar nas tropas que os atacavam influenciaram sobremaneira os filmes feitos posteriormente.

Não há dúvida de que os diretores de filmes como *Glória feita de sangue* (Stanley Kubrick, 1957), *O mais longo dos dias* (Ken Anakin, 1962), *Cruz de ferro* (Sam Peckinpah, 1976), *Agonia e glória* (Samuel Fuller, 1980) e mais recentemente *O resgate do soldado Ryan* (Steven Spielberg, 1998) foram de alguma forma influenciados pela obra cinematográfica de 1930.

A cena final do filme de Milestone, maravilhosamente poética, teve como base as últimas linhas do livro de Remarque.

"Tombou morto em outubro de 1918, num dia tão tranquilo em toda a linha de frente que o comunicado se limitou a uma frase: Nada de novo no front.

Caiu de bruços e ficou estendido como se estivesse dormindo. Quando alguém o virou, viu-se que ele não devia ter sofrido muito. Tinha no rosto uma expressão tão serena que quase parecia estar satisfeito de ter terminado assim."

A queda do muro e o cinema alemão

Para a maioria das pessoas do mundo, a queda do Muro de Berlim, em novembro de 1989, foi entendida como um evento geopolítico de grande magnitude, um dos maiores do século XX. Para os alemães representou mais do que isso: o reencontro de uma nação. Dois filmes alemães, *A promessa* (Margarethe von Trotta, 1995) e *Adeus, Lênin!* (Wolfgang Becker, 2003) são exemplos de produção que tratam do tema.

O primeiro, uma espécie de *Romeu e Julieta* da Guerra Fria, cobre o período que vai desde a construção do muro (1961) até sua queda (1989). O enredo conta as desventuras de um casal de namorados que ao tentar fugir de Berlim Oriental para a parte ocidental da cidade acaba se separando: ele fica na parte oriental e ela na ocidental. Tendo como pano de fundo as transformações que ocorreram no Leste Europeu no período, o casal consegue se reencontrar na Checoslováquia durante a Primavera de Praga (1968), mas é obrigado a se separar novamente em razão das circunstâncias políticas. Do fugaz encontro em Praga é gerado um filho. Os dois só se encontrarão novamente quando da queda do muro, mas as cenas finais dão margem a múltiplas interpretações.

Já *Adeus, Lênin!* se passa entre os meses que precedem e os que sucedem a queda do Muro de Berlim e mostra a velocidade das mudanças ocorridas na Alemanha Oriental nesse período. Tem como foco uma família formada por uma mulher e um casal de filhos. Christiane, a mãe, comunista fervorosa, sofre um enfarte e fica em coma durante oito meses, só despertando após a reunificação das duas Alemanhas.

Convalescendo em seu quarto e não podendo passar por dissabores, seus filhos e vizinhos fazem de tudo para fazê-la acreditar que nada havia mudado na Alemanha, criando situações absolutamente hilariantes. É memorável a cena em que Christiane vê uma enorme estátua de Lênin sendo carregada por um helicóptero. Sem dúvida, a imagem que condensa a mensagem do filme.

Divertidos, comoventes e profundos, *A promessa* e *Adeus, Lênin!* são filmes inesquecíveis e nostálgicos que falam dos sonhos e da utopia de toda uma geração. São também indicados para aqueles que acham que o cinema deve ser despido de história e emoção.

A radiografia de um genocídio

O livro *Uma temporada de facões: relatos do genocídio em Ruanda*, livro de Jean Hatzfeld (Companhia das Letras, 2005), trata de fatos ocorridos durante o genocídio em Ruanda. Baseia-se em entrevistas feitas pelo autor com elementos da etnia hutu que participaram do massacre de tutsis na comuna de Nyamata, situada no sul do país, e estão sendo julgados por seus crimes. Os facões, instrumentos de trabalho cotidiano para as populações locais, foram usados para "cortar" homens, mulheres e crianças tutsis.

Uma das impressões marcantes que ficam dessa leitura é a falta de sentimento de culpa por parte dos que perpetraram o genocídio. Anteriormente ao massacre, os hutus entrevistados eram pessoas simples e pacíficas que não tinham antecedentes de brutalidade e viviam relativamente bem com seus vizinhos tutsis. Hoje, mesmo presos, a maioria sente-se integrada à vida cotidiana como se nada tivesse acontecido.

A franqueza e a serenidade dos assassinos entrevistados ao falar sobre o evento são estarrecedoras. Um deles relatou que seu grupo saía pela manhã cantarolando em direção às áreas onde caçavam os tutsis e os procuravam até o final do dia. À noite comiam, bebiam, contavam as proezas do dia e lavavam as roupas sujas de sangue. Era apenas um trabalho "menos cansativo que plantar". Outra frase emblemática: "A regra número um era matar. A regra número dois, não havia".

O filme *Hotel Ruanda*, uma coprodução canadense, britânica, italiana e sul-africana de 2003 dirigida por Terry George, tem como pano de fundo as cem "noites dos facões" e baseia-se num fato verídico: a história do hutu Paul Rusesabarigina, gerente de um importante hotel em Kigali, capital de Ruanda, que por sua determinação em dar abrigo a tutsis em seu hotel salvou a vida de 1.200 seres humanos. Vencedor de vários prêmios e com três indicações para o Oscar, *Hotel Ruanda* é um filme imperdível, pois lança uma reflexão sobre a fabricação do ódio étnico.

A Primeira Guerra Mundial, na visão dos cineastas

Em novembro de 2008 completaram-se noventa anos do fim da Primeira Guerra Mundial (1914-1918), um conflito conhecido como a "Grande Guerra" pelos europeus. Do ponto de vista cinematográfico, a Grande Guerra acabou sendo ofuscada pela atenção que se deu à Segunda Guerra Mundial. Assim, enquanto há um incontável número de filmes e documentários sobre a tragédia inigualável deflagrada em 1939, o primeiro grande conflito do século XX ficou relegado a um plano secundário.

As batalhas mais importantes daquele conflito aconteceram em território europeu, mas também ocorreram importantes confrontos bélicos em outras partes do mundo, como no Oriente Médio. Dois interessantes filmes retratam os eventos do teatro militar do Oriente Médio.

O primeiro é o célebre *Lawrence da Arábia* (David Lean, Grã-Bretanha, 1962). O personagem central é o polêmico oficial do exército britânico T. E. Lawrence, um agente incumbido de tentar unir várias tribos árabes rivais com o intuito de combater as forças do Império Otomano, que tinham o domínio sobre amplas áreas do Oriente Médio. Britânicos e otomanos estavam em lados opostos na Grande Guerra, e o controle das fontes do petróleo no que seria o Iraque era um objetivo estratégico de Londres.

O filme foi parcialmente inspirado na obra *Os sete pilares da sabedoria*, de autoria do próprio Lawrence. As cenas que têm a imensidão dos desertos do Oriente Médio como pano de fundo, assim como as da conquista da atual cidade jordaniana de Aqaba pelos árabes comandados por Lawrence, estão entre as mais belas, numa obra que abocanhou sete Oscars, incluindo os de melhor filme e diretor.

Um filme muito menos conhecido é *Galipoli* (Peter Weir, Austrália, 1981), que teve Mel Gibson como ator principal numa de suas primeiras aparições no cinema, bem antes de se tornar um fundamentalista cristão. O enredo articula-se ao redor de um grupo de jovens australianos que, em 1915, embalados pelo sonho de se converterem em heróis de guerra, se alistam no Corpo de Exército da Austrália e Nova Zelândia para, ao lado de soldados britânicos, lutar contra os otomanos na estratégica península de Galipoli.

Situada nas proximidades do Estreito de Dardanelos, a península de Galipoli domina, juntamente com o Estreito de Bósforo, a ligação entre os mares Egeu e Negro, permitindo o acesso à cidade de Istambul, à época capital do Império Otomano. Dezenas de milhares de jovens australianos morreram na batalha, vencida pelas forças otomanas sob a liderança de Mustafá Kemal Ataturk. Foi a primeira vitória militar otomana contra um exército europeu, em mais de três séculos.

Logo após o final da Primeira Guerra Mundial, com a derrota otomana, Ataturk foi o responsável por uma verdadeira revolução que pôs fim ao Império Otomano e levou à criação da República da Turquia, tal como conhecemos atualmente. Falecido em 1938, Ataturk é objeto de veneração até hoje. Todas as cédulas e moedas da libra turca têm a efígie do líder histórico, que ganhou a alcunha de "Pai dos Turcos".

Os principais combates em Galipoli ocorreram em abril de 1915. Em abril, todos os anos, australianos e neozelandeses visitam a península, na qual se encontram memoriais e cemitérios dedicados aos combatentes da terrível batalha. Galipoli assemelhou-se bastante às grandes batalhas de trincheiras que se verificaram em território europeu, como as do Somme e de Verdun (França), marcas registradas da Primeira Guerra Mundial.